JN100119

チャット GPT が…
リスキリングの必要性が…
メタバースが VR に…
……

まるで言葉が
わからない…

カチ

カタカナじゃなくて
日本語で言って
ほしいわねー
ワン
専門家
脳には新しいことを始める、楽しむ、
本を読むことがよいということが
研究結果からわかり…

そうだ！
そう
本と言えば
月刊技評の
発売日だ
散歩の
ついでに
買いに行こう

書店
着いた

あった！
月刊技評！
本日発売

あらぁ、
これもカタカナなのね
見て
見て！
生成AI
ChatGPT
月刊技評
VR
Copilot
で
メタバース

パソコンコーナー
こんなところに
パソコン本のコーナーが
移動してる！

あ～
そう言えば来年、
町内会の会計だったね
会計報告
パソコン
やらないとねー

そう言えば
しばらくパソコンの
電源、つけてないなぁ
置物と化している
もったいなーい

気のせい
かな？
本棚から声が
した気が…

この本は
難しいわねー
この本はどう？

あ…
これはわかりやすい

絵もいっぱいあって
わかりやすい

よっ

こんにちわ

すごい！
最近じゃ、本も
立体化するの！？

いやぁ
マンガなんで…
さすがに
立体化する本は、まだないよー

そう…
でも、パソコンの本から
出てきたってことは
パソコンのことを教えてくれるの？
はい

ちょっと…
大丈夫？
あやしくない？
パソコンのことは
友達か町内会の人に
聞いたら？

う～ん、でも
何を質問すればよいかも
わからないのよね～
たしかに

スマホのことも
わからないのに
パソコンのことなんて
なぁ…

パソコンのことを覚えれば、
スマホもインターネットも
基本がわかりますよ
会計もやりやすいです
スマホは
画面が小さいし、
会計をするのも
難しいしな…

わからないことがあったら
上手に質問できれば、
できるようになるのも
すぐですよ
確かに、
質問のしかたが
わかれば少し安心ね　でも…

パソコンの全体像が
どうもわからないのよね？
パソコンとスマホとか…
それでは、
まずはパソコンの全体像を
お見せしましょう！

では、
どんこさん
お願いします
はーい
あーん

ウー
あーん
応用ソフト・アプリ
ウィルス対策ソフト
ペイント
ブラウザ
基本ソフト（OS）
インターネットセキュリティ
ウインドウズ
マック
パソコン
SSD
USBメモリ
スマホ
タブレット
記憶
入力
出力
エクセル
ワード
SNS
クラウド

街に溢れるパソコンの疑問
そもそもパソコン？
スマホ？
タブレットって？
第 1 章
パソコンのアプリって
どう使うの？
第 2 章
声で文字は
入れられないの？
第 3 章
カタカタ
ファイル？
フォルダー？
どうやって整理するの？
第 4 章
USB メモリって
どうやって使うの？
第 5 章
町内会館
インターネットのしくみって
どうなっているの？
第 6 章
セキュリティが心配…
第 7 章
ATM銀行
ワン！

本書を手にとられたあなたへ

「なんで？」からはじまる、新しい世界

パソコン、スマホ、インターネット…使っていて、たびたび「なんで？」と感じることはないでしょうか。
パソコン初心者や苦手な方だけでなく、私も「なんで？」と疑問に思うことが多々あります。

そんな、パソコンの苦手な方から実際にあった「なんで？」の疑問への答えを1冊にまとめたのが本書です。
なるべく図や絵、漫画も豊富に盛り込み、目で見て理解しやすく楽しめる工夫をこらしています。

主に初心者向けに書かれていますが、別の方向けにも役立つ工夫もしています。それは、パソコンができる方が、初心者や苦手な方にわかりやすく「教えるコツ」を入れてあることです。

パソコンがある程度できる方でも、苦手な方に説明する際、うまく理解してもらえず、困ったり、感情的になった経験はありませんか？それは、できる方でも根本から理解していなかったり、苦手な方に理解しやすい言葉を使っていないのが原因と言えます。そこで、苦手な方にも理解できるような言葉や説明のしかたを「教えるコツ」として紹介しています。

この「教えるコツ」は、初心者の方が理解度を増すのにも役立ち、何度も読み返すことで、いつのまにか教える立場になることができる、とっておきの内容です。

本書を家族や友人で読み合い、パソコンの困った！を解決していくことで、パソコンを使ったコミュニケーションをもっと楽しく、パソコンをもっと魅力的な道具として使っていただけたらと、各所に工夫を凝らしています。
もし気に入ったら、最低7回は熟読し、家族や友達、地域の図書館にプレゼントしてください。きっとお互いに多くの喜びが得られるはずです。

あなたとご家族や友人のお役に立つことを心より願って。

もくじ

第1章 パソコンの「困った！」「わからない！」に答える

第 2 章
アプリの
「困った！」「わからない！」に答える

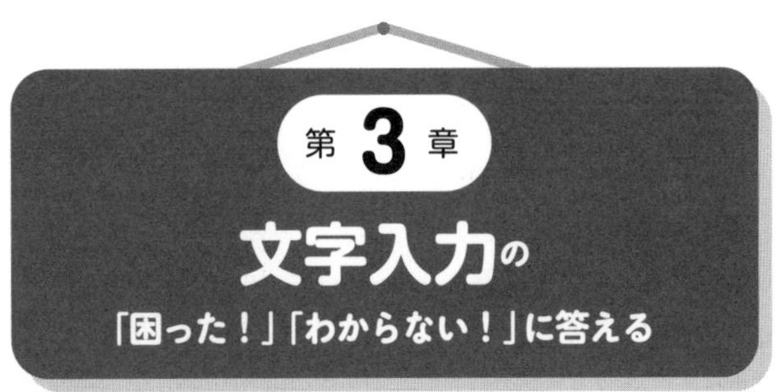

第3章 文字入力の「困った！」「わからない！」に答える

第4章
ファイルとフォルダーの
「困った！」「わからない！」に答える

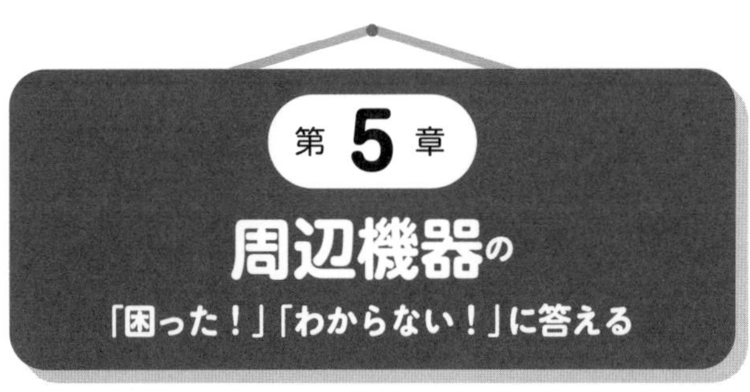
第5章
周辺機器の
「困った！」「わからない！」に答える

第6章
インターネットの
「困った！」「わからない！」に答える

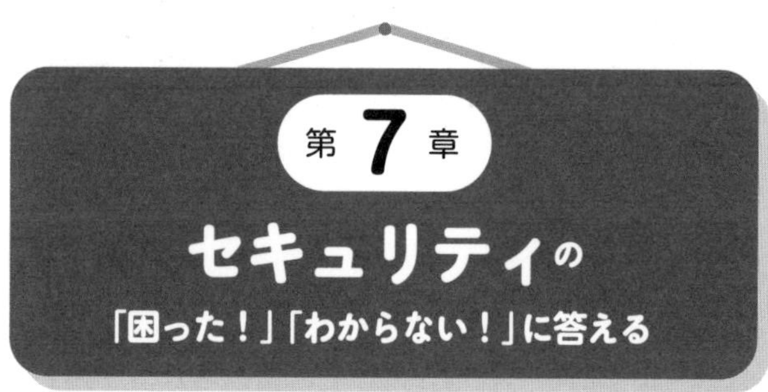
第7章
セキュリティの
「困った！」「わからない！」に答える

【免責】

本書に記載された内容は、情報の提供のみを目的としています。したがって、本書を用いた運用は、必ずお客様自身の責任と判断によって行ってください。これらの情報の運用の結果、いかなる障害が発生しても、技術評論社および著者はいかなる責任も負いません。

本書記載の情報は、2024年2月現在のものを掲載しています。ご利用時には、変更されている可能性があります。OSやアプリ、webページの画面は更新や変更が行われる場合があり、本書での説明とは機能や画面などが異なってしまうこともあり得ます。OS、アプリ、webページ等の内容が異なることを理由とする、本書の返本、交換および返金には応じられませんので、あらかじめご了承ください。

以上の注意事項をご承諾いただいた上で、本書をご利用願います。これらの注意事項に関わる理由に基づく、返金、返本を含む、あらゆる対処を、技術評論社および著者は行いません。あらかじめ、ご承知おきください。

登場（犬）人物紹介

たくさがわ先生

8月29日生まれ　人（雑種）男
好きな言葉：感謝
新しいサービスがあるとすぐに使ってみる癖がある。よく本から登場する。

どんこさん

3月11日生まれ　犬（雑種）・女の子　好きな食べ物：チーズ
パソコンを勉強していたら、いつのまにか先生のアシスタントに。はらまきをつけている。

ヒサさん

地方の田舎に住むシニア。パソコンはほとんど触れたことがない。町内会の会計役になることに。わからないことがあると「息子」に聞くが、遠くに住んでいるためなかなか聞けない。トホホ

家族と仲間たち

ヒサさんを温かく見守っている家族と近所のチワワのこまち。

第 1 章

パソコンの「困った！」「わからない！」に答える

パソコンは、操作の前に知っておくとよいことがあります。パソコンをマスターする早道や問題の解決方法、OSやソフトウェア、よく使われる単位など、皆さんが疑問を持つ部分です。本章では、パソコンを使う上での心構えと、パソコン全般に関する疑問にお答えします。また、パソコンの動作が遅い場合の対処方法や、タブレットやスマートフォンの解説も行います。

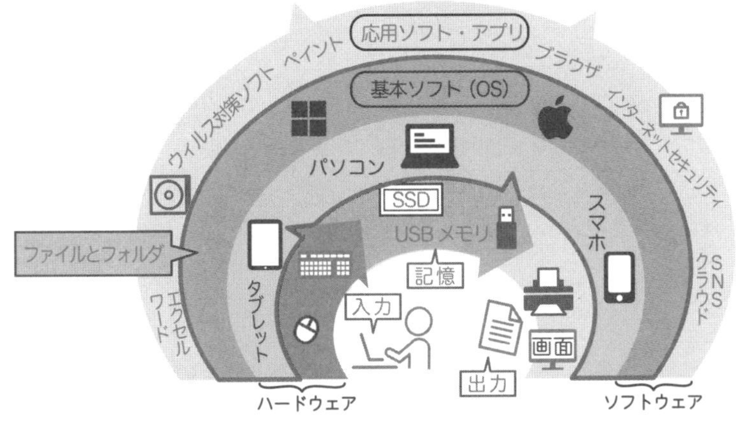

パソコンを マスターする早道は？

パソコンをマスターする早道は、できるようになった時の姿を思い描くことです。

パソコンを早くマスターするための秘訣は、パソコンを使える友達や先生の姿を思い浮かべ、自分も同じようになっている姿を思い浮かべてみることです。パソコンを上手に使っている人たちの姿をイメージして、**少しずつ操作や技術を習得していきましょう**。最初は、覚えられない、すぐに忘れてしまうと思いがちですが、いつのまにか**多くのことができるように**なっているはずです。

友人とインターネットの話題で盛り上がっていますか？　旅行や乗り換え、映画の情報をすいすい検索していますか？　いろいろな商品を安くショッピングしていますか？　写真を遠くの家族や友人と共有して楽しんでいますか？

普段の心がけ

パソコンをマスターするために、普段から心がけることはあるの？

まずは**毎日パソコンの電源を入れて**、使ってみるところから始めましょう。また、新聞、テレビ、雑誌を見回すとパソコンについての多くの情報を確認できます。日々、パソコンについての情報に触れるようにしましょう。家電量販店に行って質問するのもおすすめです。

横文字やカタカナが覚えられない！

パソコン用語は横文字が多いです。例えば「タスクバー」と言われてもイメージができず、拒否反応が出ますよね。そこで、最初は**横文字に日本語訳**をつけてみましょう。タスクバーであれば「仕事棚」、ディスプレイは「画面」、パスワードは「暗証番号」。文字からイメージすることができ、理解度が増します（本書のカバー袖を見てください）。

先生になりたい！

パソコンの理解をさらに深める次のステップは、**覚えたことを、家族や友人に話すこと**。誰かに教えることで、自分の理解の浅いところがわかり、それにより理解度がさらに深まります。人に話すことを繰り返すことで、少しずつパソコンの先生に近づいていきます。

パソコンを早くマスターする秘訣は、
覚えたことを人に話すこと！

パソコンの疑問は誰に聞けばよい？

疑問の内容によって、聞く相手を変えよう！　正確に伝えれば、解決もスムーズです。

パソコンでわからないことが出てきた時は、**①自分で調べるか②誰かに聞くこと**になります。パソコンを始めたての頃は、②誰かに聞く方がよいですね。聞く内容に応じて問い合わせ先がちがうので、注意が必要です。

基本操作や軽度のトラブルは誰に聞くの？

①購入したパソコンメーカー

購入したパソコンの付属品に、メーカーの電話番号が載っています。サポート期間内なら、**無料で聞ける**ことが多いです。特に国内メーカーはサポートが充実していて、トラブルにも対応してくれます。ただし、電話がつながりにくいというデメリットがあります。

②セキュリティアプリやプロバイダーのサポート

セキュリティアプリやプロバイダーに、サポートサービスがついている場合があります。遠隔でパソコンの操作をしてくれるサービスもあります。

③パソコン教室

格安で丁寧なパソコン教室がたくさんあります。基本からしっかり教えてもらえる教室なのか、わからないことだけ聞ける教室なのかを確認して利用しましょう。

④購入した家電量販店

パソコンを購入した時に名刺をもらっておき、**平日の暇そうな時**に聞いてみましょう。意外に優しく教えてくれることもあります。

⑤詳しい友人・知人

正しい知識とは限りませんが、1つの意見だと思って聞いてみましょう。本書の内容と照らし合わせると、その友人・知人の実力もわかります。

⑥書籍で調べる

パソコン入門書で勉強します。数冊あるとよいですが、その中の1つは拙書「たくさがわ先生が教えるパソコン超入門」がおすすめです。隅から隅まで、7回読めばかなりできるようになります。

⑦家族

家族のデジタル能力を高め、家族の間でさまざまな話ができるようになると、いざという時に役に立ちます。**質問する力、説明する力、家族への思いやり力**を高めていきましょう。

インターネットにつながらない場合は誰に聞けばよい？

インターネットにつながらない時は、契約している**接続業者（プロバイダーと呼ばれます）に連絡**します。プロバイダーには、OCN、BIGLOBE、@nifty、So-netなどがあります。プロバイダーの連絡先は、契約書に記載されています（P170参照）。

パソコンの重度のトラブルは、誰に聞けばよい？

パソコンの重度のトラブルは、パソコンサポート会社、またはパソコンメーカーの修理窓口に連絡しましょう。

パソコンサポート会社（家電量販店に併設されていることも）	メーカーより安く修理してくれる場合もある
メーカー修理	確実に修理してくれるが、割高

質問する前に誰でもできるこんなこと

質問する前に注意することはあるの？

誰かに聞く前に、一度冷静になって自分でできることはないか考えてみましょう。意外に単純な原因の場合もあります。

■ 電源を確認する

ケーブルが抜けているだけだったり、ボタンを押す際に**力が入りすぎて**いたり、長く押しすぎたりしていないか確認しましょう。

■ 本を読み直す

本を手本に操作している場合、**読み飛ばし**がないか、もう一度順を追ってやってみましょう。

■ パソコンを再起動する

パソコンの電源を切って、再び入れ直す（再起動）と、調子がよくなることがあります。かんたんなトラブルの場合は特に効果的です。

知人やサポートに聞く時のコツ

知人やサポートに聞くコツを教えて！どのように質問すればよい？

知人やサポートに聞く時は、パソコンの**各部名称やその時の状態、表示されているメッセージなどを正確に伝える**ことが大切です。スマートフォンなどで**画面を撮影しておく**のもよいでしょう。また、自分のパソコンの型番や基本ソフトについても、伝えられるようにしておきましょう。次ページの内容を参考に、あなたのパソコンのことや各部名称、現在の状況について、事前に調べておきましょう。

■ あなたのパソコンについて知っておこう

あなたのパソコンの基本的な情報を書きとめておきましょう。パソコンのメーカーと型番、基本ソフトの種類（Windows 11かMacか）、メモリ等の情報があるとよいでしょう（P28参照）。

■ パソコン画面の各部名称を知っておこう

パソコン画面の名称について知っておき、相手に伝えられるようにしておきましょう。ここでは、Windows 11の画面の名称を紹介します。

■ 状況やメッセージを伝えよう

何をして、どのようになりましたか？　電源が入らない場合は、電源ランプが光っているか？　メーカーのロゴは表示されたか？　などの状況を正確に伝えましょう。「エラーが出た」「変なのが出た」ではなく、表示されたメッセージの内容を正しくメモするか、スマートフォンで撮影しておきましょう。

パソコンの情報や各部名称をしっかり押さえ、エラーメッセージは正確に残しておこう！

パソコン

03 Mac(マック)とWindowsは何がちがう?

MacとWindowsは、OS(基本ソフト)のちがいです。Macは、リンゴマークですぐに見分けられます。

Mac(マック)はApple(アップル)社が開発したパソコンで、macOSと呼ばれる基本ソフトが入っています。Windowsは Microsoft(マイクロソフト)社が開発した基本ソフトが入っているパソコンのことです。

基本ソフトは、略してOS(オペレーティングシステム)と呼ばれます。「OSがないパソコンはただの箱」とも言われ、パソコンにOSが入ってはじめて、私達が目で見て理解し、かんたんに操作できるようになります。優秀なOSは使いやすく、長く愛されることになります。OSの役割には、以下のようなものがあります。

- 人にわかりやすい見た目を提供してくれる＝GUI(グラフィカルユーザーインターフェイス)
- マウスやキーボードからの命令をプログラムに伝えたり、プリンタへの出力を仲介したりする
- フォント(書体)やセキュリティ、ファイル操作などを、どのアプリからでも共通して利用できるようにする
- 複数のアプリを起動して、同時に作業できるようにする

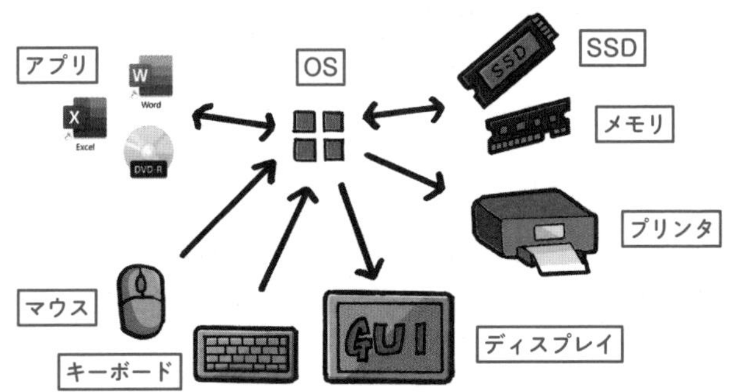

基本ソフト（OS）の種類

Mac（マック）やWindowsにも種類があるの？

同じOSにも、複数の種類があります。この種類のことをバージョンと呼び、バージョンが異なると、操作方法が変わります。ちがうパソコンでも、入っている**OSとそのバージョンが同じであれば、同じ操作方法**で使うことができます。OSはパソコン以外にも、スマートフォンやテレビなどさまざまな機器に入っており、以下のような種類があります。

■ **Windows**　種類（バージョン） Windows 10／Windows 11

Microsoft（マイクロソフト）社が開発。主にパソコン用として広く普及している。

■ **macOS（マックオーエス）**　種類（バージョン） macOS 13.4（ベンチュラ）

Apple（アップル）社が開発。Appleのパソコンだけに利用される。

■ **Chrome OS（クロームオーエス）**　種類（バージョン） Chrome OS 108

Google（グーグル）社が開発。低価格のノートパソコン向け。学校で利用されることも多い。

■ **その他**

スマートフォン・タブレット用のAndroid（アンドロイド）、iPhone・iPad用のiOS（アイオーエス）などがある。

OSは、あとから変更できるって聞いたんだけど本当？

購入時にWindows 10が入っていたパソコンでも、**Windows 11に変更することができます**。これを**アップグレード**と言います。アップグレードには、メモリ（P27参照）などOSに必要な条件（システム要件）を満たす必要があります。Windowsが入っているパソコンに、macOSなど種類の異なるOSを入れることはできません。

OSにはいろいろな種類がある。
OSが異なると使い方も大きく変わってくる。

Windowsは更新が必要なの？

セキュリティのためには最新にしておきましょう。更新時のトラブルに備え、バックアップを取りましょう。

Windowsだけでなくほとんどのソフトウェアは、発売後に発見された**セキュリティの問題や不具合を修正するための更新**が行われます。更新は**アップデート**とも呼ばれ、ほとんどは**インターネットを介して自動で行われます**。費用もかかりません。パソコンが勝手に終了したり、終了時に「更新中です」と表示されるのは、このためです。

基本ソフトのWindowsは、常に**最新の状態に更新しておくことが**推奨されています。セキュリティのためにも、最新にしておきましょう。ただし、更新を繰り返していくと、徐々にパソコンが遅くなることがあります。また使い勝手が変わってしまったり、まれに重大なトラブルが起こってパソコンが起動しなくなったりすることもあります。データのバックアップは、常に心がけておきましょう（P128参照）。

更新は自動で行われる

Windowsの更新方法

更新は自分でもできるの？最新かどうか知りたい！

Windowsの更新は自動でなく、手動でも行うことができます。その際に、現在最新の状態になっているかどうかを確認できます。確認する方法は次の通りです。

手順 1

「■」（スタート）を（左）クリックし❶、「設定」を（左）クリックする❷。

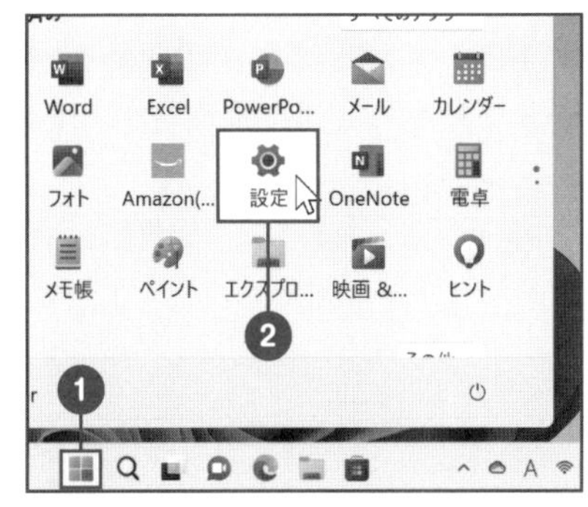

手順 2

「Windows Update」を（左）クリックする❶。「更新プログラムのチェック」または「ダウンロードとインストール」を（左）クリックする❷。

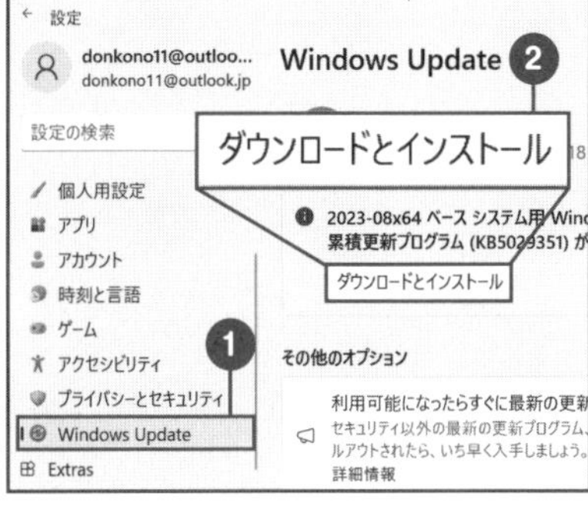

手順 3

Windowsが最新の状態かどうかを確認できる。

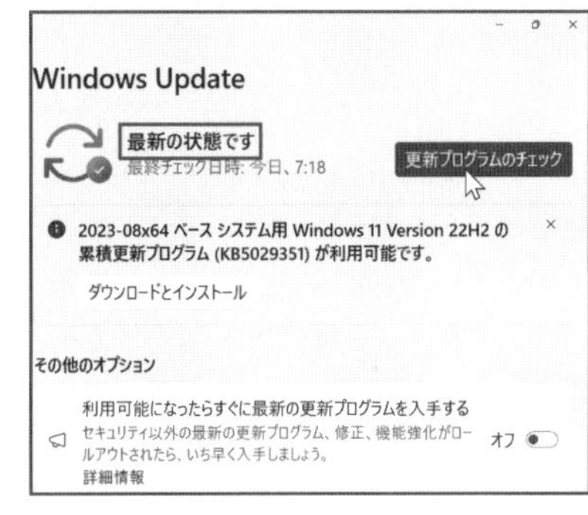

パソコンはどんな部品からできているの？

パソコンの部品のことをハードウェアと呼びます。パソコンはさまざまな部品からできています。

パソコンは、さまざまな部品からできています。代表的な部品に、次のようなものがあります。ちなみに、これら**触れることのできる部品のことを、ハードウェア**と呼びます。

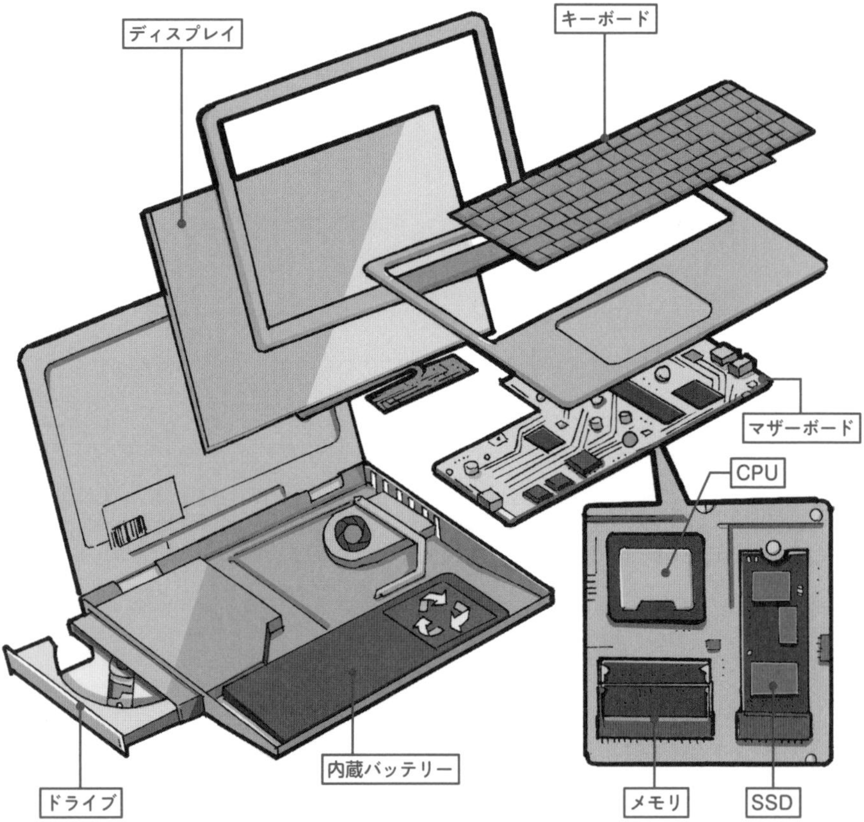

パソコンの部品を確認する

パソコンの部品を確認する方法はあるの？

Windowsの場合、**デバイスマネージャーを利用してパソコンに内蔵されている部品とそのメーカーを確認**することができます。デバイスマネージャーでは、マウスや無線が正常に動作しているかを確認することもできます。

手順①
「■」（スタート）を右クリックし❶、「デバイスマネージャー」を（左）クリックする❷。

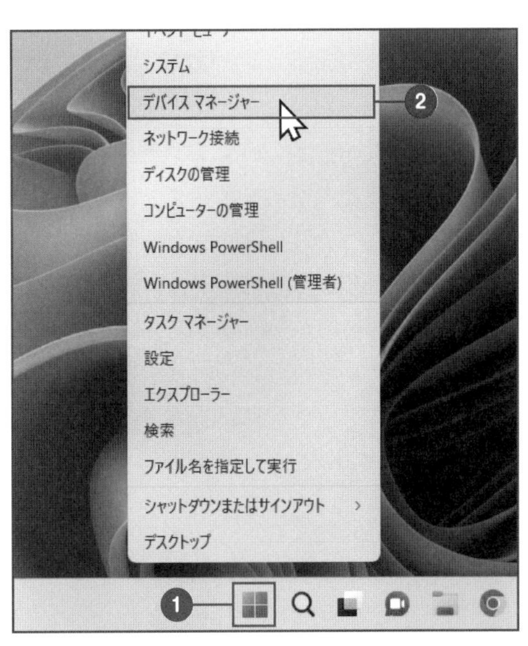

手順②
分類名の左にある❯を（左）クリックすると❶、詳細が表示され、どこのメーカーの部品かがわかる。×や！が表示されている部品は、正常に動作していない。

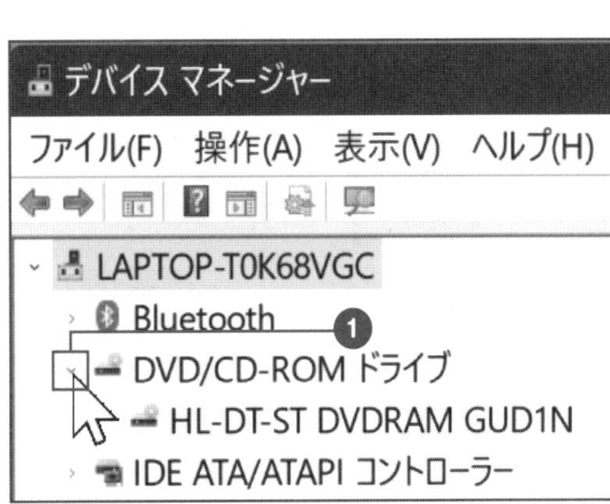

CPU(シーピーユー)の役割は何?

CPUは、パソコンの頭脳です。パソコンの部品の中で、もっとも高額です。

CPUは、制御と演算が主な役割の、**パソコンの頭脳**とも言うべき部品です。CPUの性能は周波数という数値で表現され、周波数が高いほど多くの処理を行うことができます。しかし、CPUは熱を発しやすく、周波数を上げた結果、熱が上がりすぎてパソコンが異常終了するといったことも起こります。古いパソコンで、夏の時期に急に電源が落ちてしまうのは、これが原因の1つです。

周波数は脈拍のようなものです。高い方が血液をいっぱい送れますが、血圧が高すぎるとヒートアップしてしまい、いろいろなところに負担がかかります。最近では、周波数を上げすぎるのではなく、CPUの核となるコアを2つ以上搭載することで処理能力を上げているものがあります。コアを2つ搭載した2コア、4つ搭載したクアッドコアなどがあります。周波数は高すぎず、コアが多い方がバランスがよいです。

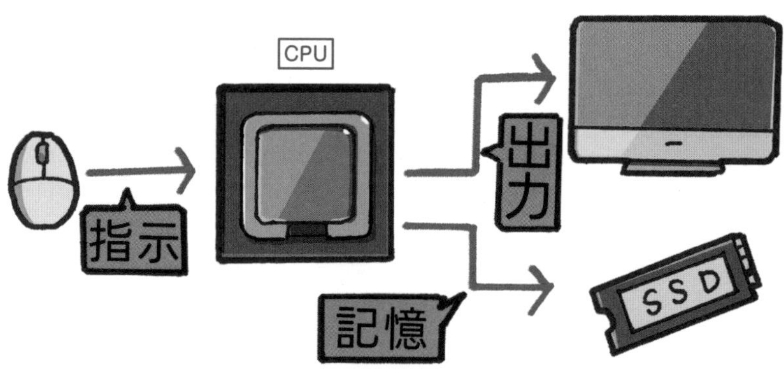

CPUが持っているのは計算する能力。記憶はメモリやSSDの役割

CPUの種類と性能

CPUの性能は重要？何を選べばよいの？

性能のよいCPUは、一般的に処理速度が速く、省電力です。ただし、パソコンの設定や状態、OSや入っているアプリの数など、いろいろな要因で動作の速度は変わります（P46）。また、発熱や消費電力などとの兼ね合いもあります。そのため、ノートパソコンには真ん中くらいの性能で、高い省電力のCPUが適しています。**3Dゲームや画像生成AIを楽しみたいなら、高性能のCPUが必要**になります。

CPUは、メモリやSSDとちがって交換が難しいので、心配な人は、はじめから性能がよいものを選びましょう。パソコンの**価格の30%ほどが、このCPUの価格**になります。

CPUにはどんな種類があるの？

CPUには、さまざまな種類があります。Intel（インテル）社製のものが多く使われており、現在の主流は「Core i（コアアイ）7」のような名前になっています。代表的なCPUとして、以下のようなものがあります。

- **Intel Core iシリーズ**：高性能で高価格のi9があり、次いで性能順にi7、i5、i3がある。
- **Celeron**：性能が低く価格を抑えたCPUです。
- **Atom**：性能が低く消費電力と価格を抑えたCPUです。
- **AMD**：Intelとは別のCPUメーカーです。

CPUはパソコンの頭脳。
計算する能力を持っている。

SSD／ハードディスクとメモリのちがいは何？

パソコン内で保存する領域がSSD／ハードディスクです。メモリの容量が大きいと、複数のアプリが快適に動作します。

SSD／ハードディスクもメモリも、どちらも記憶装置です。パソコンでの**作業は、一時的な記憶装置であるメモリ上**で行われます。このメモリ上のデータを保存することで、長期的な記憶装置であるSSDやハードディスクに保管されます。メモリは机の上の作業スペース、SSDは引き出しに例えることができます。パソコンの電源を切ってもSSDの中のデータは残るのに対し、メモリの中のデータは消えてしまいます。**メモリは主記憶装置、SSDは補助（外部）記憶装置**とも呼ばれます。

皆さんが写真や動画でパソコンの中がいっぱいになることを心配するのは、SSDの方になります。メモリは、たくさんのアプリを出しっぱなし（起動しっぱなし）にしておくと、机の上がいっぱいになった状態と同じで、メモリ不足に陥ります。メモリ不足は、パソコンの電源を一度切ることで解消されます。定期的にパソコンの電源を切った方がよいのはこのためです。

SSD(ソリッドステートドライブ)とメモリ

SSDについて、詳しく教えて！ハードディスクと何がちがう？

パソコンのデータを記録・保存しているのが、SSDです。**SSDには、OSやアプリ、ファイルなどのデータが保存されています**。SSDは衝撃や磁力に強く小型化が可能で、高速なデータのやり取りができます。
一方、ハードディスク（HDD）は強力な磁力を持っていて、円盤状のディスクが高速回転してデータを読み書きします。昔のレコードのような構造に近いです。磁力や衝撃に弱く、小型化ができません。SSDと比較すると、ハードディスクは安価で大容量です。

メモリについて、詳しく教えて！いっぱいになることはあるの？

メモリは一時的な保存領域で、高速なデータのやり取りが可能です。メモリは、机の上の作業スペースに例えることができます。机が小さい（狭い）と効率が悪くなるように、**メモリの容量が小さいとパソコンの動作が遅く**なり、同時にさまざまな作業ができなくなります。メモリの容量は、最近は8GBが一般的で、上位機種では16GBになっています。メモリは増設できる機種もあり、早めに最大まで増設しておくとよいでしょう。パソコンによって増設できるメモリの種類や容量がちがうので、家電量販店などで調べてもらうとよいでしょう。

グラフィックボードは、必要なものなの？

立体的な**3Dゲームや画像生成AIを扱う際に活躍するのがグラフィックボード**です。文書作成やインターネットをするだけなら気にしなくてよいです。

SSDは引き出し、メモリは机の上の作業スペースに例えられる。

パソコンの性能はどこで決まるの？

パソコンの性能は、CPU×メモリ×SSDと考えておくとよいでしょう。

パソコンの性能（**スペック**と言います）は、**CPU、メモリ容量、SSD容量、64bitか32bitか、グラフィックボードの種類**などによって決まります。これらの性能がよいほど、パソコンの性能も高くなります。その他にも、パソコンの性能を表すものとして、OS（オーエス）、**画面の大きさ、ドライブ（P156参照）の種類、バッテリーの持ち時間、重さ**などがあります。

パソコンの性能のうち、CPU、メモリ、グラフィックボードの性能がよいと処理速度も速く、高画質のゲームや動画編集が比較的スムーズに行えます。

パソコンの性能を確認するには、次のような方法があります。

■ カタログ・インターネットで検索

パソコンの購入時に、家電量販店の店員がパソコンのカタログを入れてくれることがあります。また、付属のマニュアルから性能を確認することもできます。

lavie n1565 仕様 

インターネットで、「Lavie N1565　仕様」のように、「 機種名+仕様 」で検索して調べることもできる

■ システムのプロパティで確認する

次の方法でシステムのプロパティを表示し、性能を確認することができます。

手順①

「⊞」（スタート）を右クリックする❶。続けて、「システム」を（左）クリックする❷。

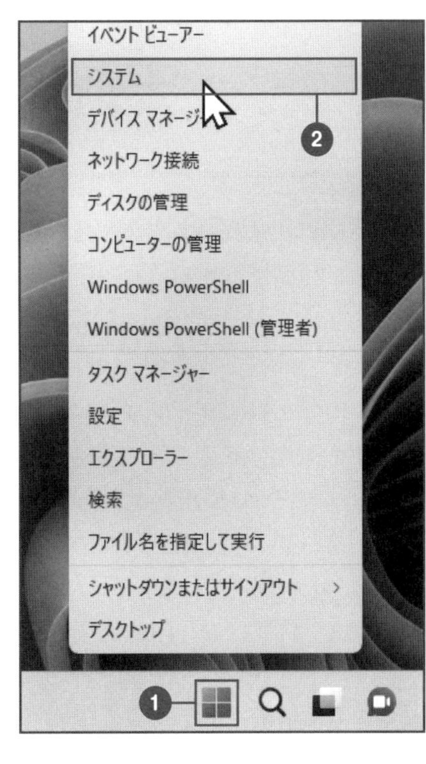

手順②

すると、OSやCPU、メモリの容量などが表示される。

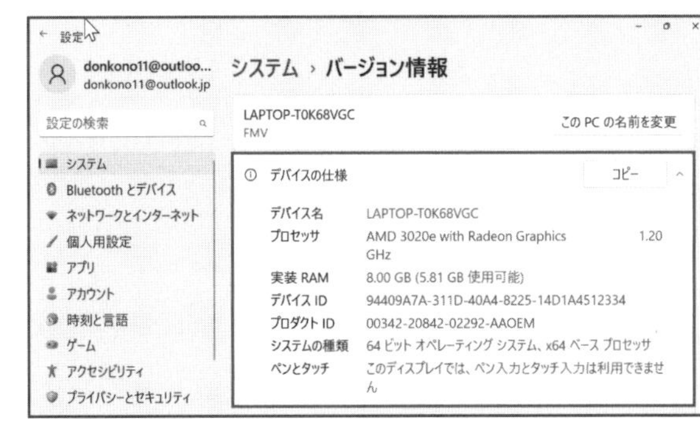

パソコンの性能は、システムのプロパティで確認できる！

TB、GB、MBって何？～パソコンの単位の話

パソコンの単位にはデータ量を表すもの以外に、寸法や通信速度など、さまざまなものがあります。

パソコンで利用される単位には、さまざまなものがあります。その中でもっとも多く利用される単位が、**Byte（バイト）**です。パソコン内の音楽も文書も写真も、すべてデータとして扱われています。データには大きさ＝容量があり、その単位がバイトになります。写真や文書を入れておくSSDやメモリでも、単位としてバイトが使われます。

データの大きさを表す単位の中で、**もっとも小さい単位はbit（ビット）**です。ビットが8個集まると、1バイトになります。つまり**8ビット＝1バイト**です。そして、1024バイトが1KB（キロバイト）、1024KBが1MB（メガバイト）、1024MBが1GB（ギガバイト）、1024GBが1TB（テラバイト）になります。

■ データの単位

bit	ビット	最小の単位
B	バイト	1B = 8bit
KB	キロバイト	1KB = 1024B
MB	メガバイト	1MB = 1024KB 1MB = 8Mbit
GB	ギガバイト	1GB = 1024MB
TB	テラバイト	1TB = 1024GB
PB	ペタバイト	1PB = 1024TB
EB	エグザバイト	1EB = 1024PB

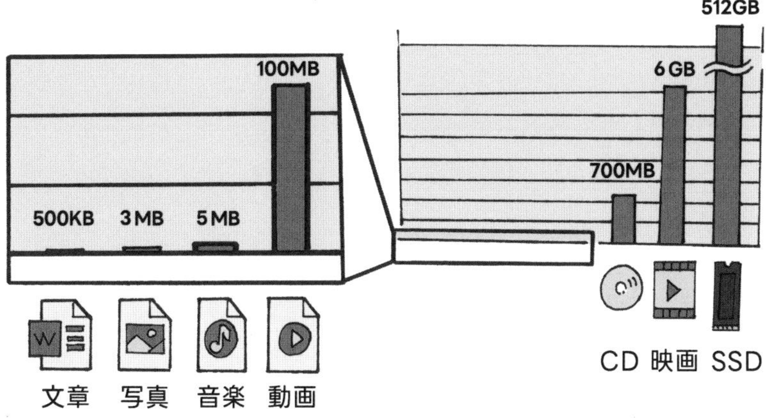

文書や写真の容量は、かなり小さい

パソコンで使われる代表的な単位

パソコンの単位にはバイトしかないの？

パソコンで使われる単位には、次のようなものがあります。

■ **bps（ビットパーセカンド）**

通信速度を表す単位で、1秒間に何ビットのデータをやり取りできるかを表します。光回線などのインターネットの速度を表す際に使用されます（P174参照）。通信速度には最大値と実測値があり、実測値が大切です。例えば光回線の場合、最大値は200Mbps、実測値は80Mbpsくらいになります。**80Mbpsは1秒間に80Mのビットを送ることができる**速度です（バイトに直すと10MB）。つまり、80Mbpsの場合、10MBのデータ（写真約3枚分）を約1秒で送れる計算になります。

回線の種類	速 度	1秒で送れる容量	写真
光	80Mbps	10MB	
ADSL・3G	8Mbps	1MB	

■ **px（ピクセル）**

画面や画像の寸法に使われる単位です。画像やディスプレイがいくつの小さな■（四角）でできているかを表しています。100ピクセルは、■が100個並んでいることになります。

■ **画素数（がそすう）**

スマートフォンで撮影可能な写真の寸法を表す単位です。**「縦に並んだピクセルの数×横に並んだピクセルの数」の計算結果が画素数**になります。2048ピクセル×1536ピクセルの写真が撮れるスマートフォンのカメラは、約300万画素ということになります。

■ **dpi（ドットパーインチ）**

画像解像度（次節参照）という、ディスプレイやプリンタなどで出力する際の単位です。1インチあたりの、ドット（点）の数を表しています。数値が大きければ大きいほど、キメの細かい描写で出力できます。ディスプレイや画像編集アプリの場合は、ppi（ピクセルパーインチ）と言います。

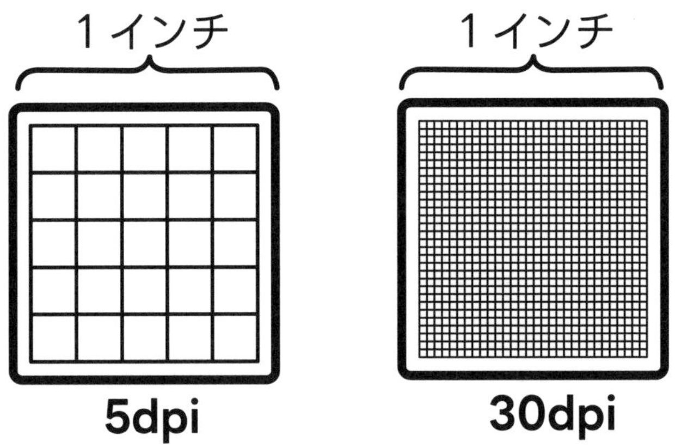

1インチ（約2.5cm）あたりに、5つのドットがあれば5dpiとなる

■ **point（ポイント）**

文字の大きさや、エクセルのセルの高さなどを表す単位です。1pointは約0.3mm程度ですが、プリンタなど、出力する機器によって若干異なります。

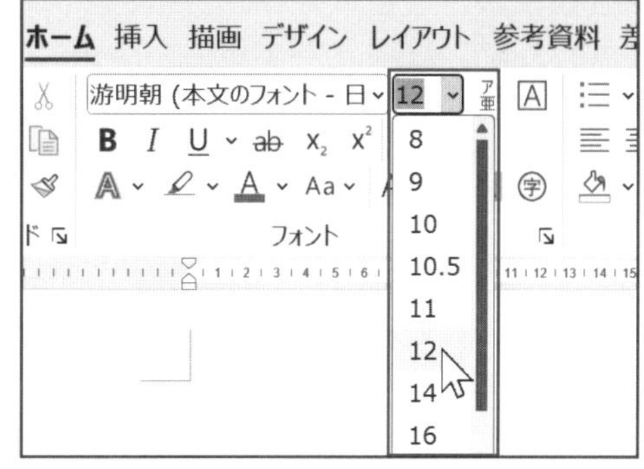

■ **inch（インチ）**

テレビやディスプレイの画面の、**対角線上の長さを表す単位**です。1inchは約25.4mmです。

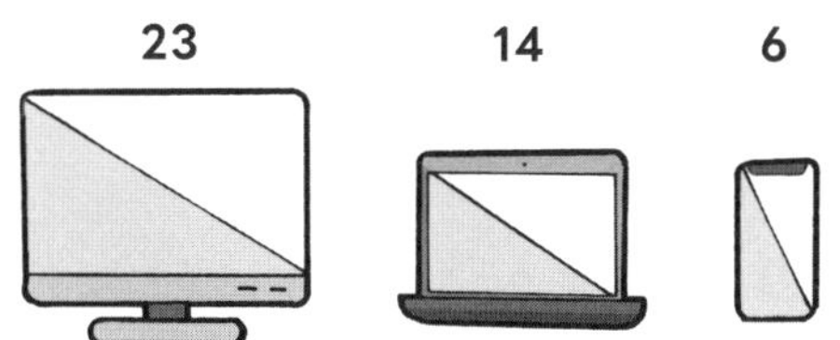

■ **fps（フレームパーセカンド）**

動画などに使われる、**1秒あたりのフレーム（コマ）の数を表す単位**です。例えば30fpsの場合、1秒間に30コマの画像が再生されることになります。この数値が多ければ多いほど、「滑らか」な動画になります。

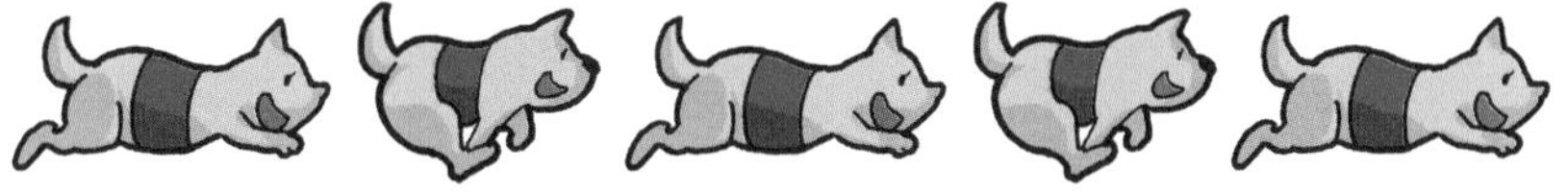

30fpsの動画の場合、1秒間に30個もの画像でできている

パソコンの単位にはいろいろなものがある。最初は、「大きい数字は優れている」程度の理解で十分。

パソコン 10

解像度ってどういう意味？

解像度は、ディスプレイや印刷物のキメの細かさです。dpiという単位で表します。

解像度は、ディスプレイや印刷物などのキメの細やかさを数字で表したものです。単位はdpi（P32参照）で、1インチあたりのドット（点）の数で表現されます。一般的なディスプレイの解像度は92〜184dpi、テレビは100dpi、印刷物は350dpiになります。例えば92dpiの場合、1インチに92個のドットが並んでいます。ちなみに、画面がきれいだと言われる新しいiPhoneの解像度は460ppiです。350dpiの印刷物よりキメが細かくなっていることになります。

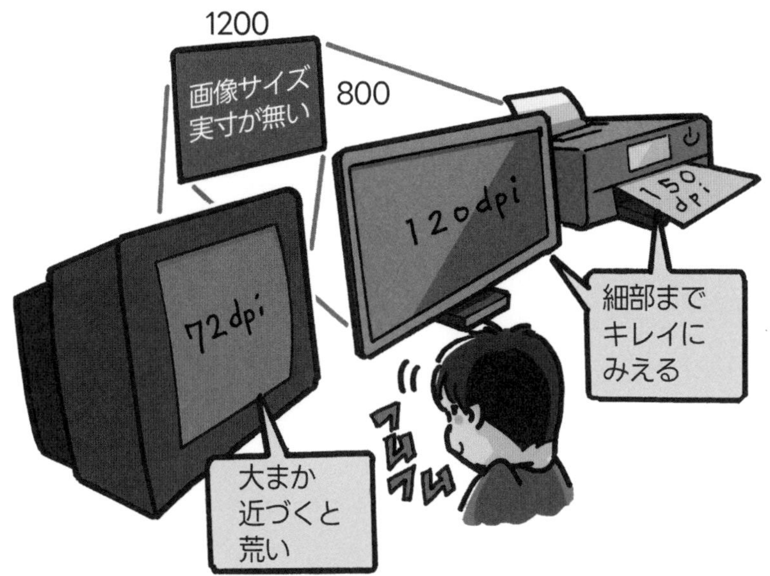

古いブラウン管のテレビは72dpi、このイラストは350dpiでできている。裸眼でわかるのは300dpi前後と言われている

ディスプレイのきれいさを表す画面解像度

ハイビジョンとか、フルHD、4Kっていうのは何ですか？

ディスプレイの実際の大きさは、テレビなどと同じinch（インチ）で表します。これは画面の対角線上の長さを表したもので（P33参照）、ノートパソコンは15インチ＝15型、デスクトップパソコンは19インチ＝19型以上が主流です。これらのインチは、ディスプレイの大きさを表現したもので、きれいさを表現したものではありません。ディスプレイのきれいさを表すにはdpi（P32参照）を使う方法もありますが、dpiは同じディスプレイでも変更することができるため、わかりづらいです。そこで、**誰にでもわかりやすく表現したのが画面解像度を表す「1280×1024」や「1920×1080」です**。

「1280×1024」は、横に1280、縦に1024のピクセルが並んでいることを意味しています。同じインチ数のディスプレイでも、この数値が大きい方がよりきれいなディスプレイということになります。また、異なるインチ数でdpiが同じだった場合は、小さいインチ数の方が精緻な画面になります。「1280×1024」や「1920×1080」には、**SXGAやフルHD（ハイビジョン）、4Kといった名前**がつけられています。

ピクセル数	名前	主な製品
1280 × 1024	SXGA	17インチ前後の液晶ディスプレイ
1920 × 1080	フルHD	一般的な15インチのノートパソコン
3840 × 2160	4K	4Kテレビ・高解像度パソコン
7680 × 4320	8K	8Kテレビ

画面のきれいさには、キメの細かさを表す解像度や、フルHD、4Kといった表現方法がある。

パソコンの差し込み口の種類を教えて！

主な差し込み口は、USBとHDMIです。最近は無線での接続も充実しています。

パソコンとプリンタやデジカメなどの周辺機器をつなぐ接続端子のうち、**もっともよく使われているのがUSB（ユーエスビー）端子です**。USB端子には複数の種類があり、種類のちがう端子には差し込めないようになっています。

■ USB端子：マウス・キーボード・ほとんどの周辺機器

もっとも幅広い用途で使われている接続端子です。A、B、Cやminiなどの種類があります。また速度によっても、USB2.0や、より高速な3.0といったちがいがあります。差し込めばすぐに使える（プラグアンドプレイ）、電源が入ったまま抜き差しできる（ホットプラグ）、パソコンから電源を供給できる（バスパワー）といった特徴があります。

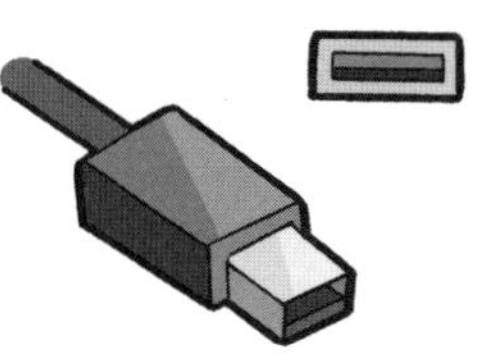

タイプA
多く使われている

タイプB
プリンタ側に差し込む

タイプC
新しいタイプ

USB以外の接続端子

パソコンの端子には、USB以外にも次のような端子があります。

■ **HDMI端子：テレビ・液晶ディスプレイ**

映像の入出力を行うための端子です。映像の入出力を行う端子には、HDMIの他に古くからあるアナログ(D-sub15ピン)、デジタル（DVI-D）もあり、一部のデスクトップパソコンにも利用されています。

■ **LAN／Ethernet（イーサネット）：テレビ・通信機器**

パソコンをインターネットに有線で接続するための端子です。ケーブルの方式にはストレートとクロスがあり、通常はストレートを利用します。クロスは、パソコンどうしを直接つなぐ時に使います。

■ **Wi-Fi（ワイファイ）／無線LAN：プリンタ・スマホ・テレビなど**

LANケーブルを使わず、インターネットに無線で接続する方法です。**Wi-Fiは、無線の通信規格の名称**です。Wi-Fi用の機器には、**電波の基地となる親機（無線ルーター）と、パソコン内蔵の子機**があります。接続には、パスワード（KEY）が必要になります。

■ **Bluetooth（ブルートゥース）：マウス・スマホ・ヘッドセット**

比較的近距離での通信に利用される、無線通信の規格です。

差込口と端子をよく見て、差し込みを試そう。無理やり差し込まないように注意！

何を基準にパソコンを選んだらいいの？

パソコンを選ぶ最初の基準は、用途と形です。用途に応じて、形と性能が絞られます。

パソコンを**選ぶ時の基準は、まずは用途から**考えましょう。用途によって、**どんな形のパソコンがよいか**が決まってきます。外出先で利用するか、家の中で移動するか、動画を見るので大画面がよいか…といったことから考えてみましょう。また、持ち運びしやすいパソコンであれば、お店のサポートなども受けやすいです。パソコンが得意か苦手かによっても、選ぶべきパソコンは変わってきます。パソコンの用途と形が決まったら、メーカーと価格、性能を比べて、機種を選ぶとよいでしょう。

パソコンの形と購入方法

パソコンの形にはどんなものがあるの？

パソコンの形には、次のようなものがあります。もっともよく使われているのは、ノートパソコンです。

- **ノートパソコン**

  手軽に持ち運ぶことができる。**豊富な種類がある**ため、画面サイズ、性能、価格、色などを選びやすい。パソコンが苦手なら、持ち運んで友人や家電量販店のサポートを受けやすい。

■ 主に外出先で利用するなら…

・タブレットPC／2in1

画面をタッチすることで操作できる板型パソコン。軽いので持ち運びに便利。画面が小さく性能が低いため、画像処理や映像編集には向かない。**板型とノートパソコンの2つの形状に切り替えられる2in1**もある。

■ とにかく大画面がよい・テレビとしても使いたいなら…

・一体型PC・ボードPC

大画面のデスクトップパソコン。比較的高価格で高性能。**本格的な映像編集**にも使える。持ち運びができないので、サポートは受けづらい。

パソコンは、どこで購入すればよいの？

パソコンの購入場所には、**家電量販店・ネット通販・中古ショップ**などがあります。初心者の方は、家電量販店がおすすめです。最低3回は訪ねて、店員から最新の情報を得てから機種を選びましょう。ネット通販は、サポートよりも価格を重視したい場合におすすめです。種類も豊富ですが、気に入ったものがあったら家電量販店で取り扱っているか聞いたり、価格交渉の材料にしてもよいでしょう。中古ショップも、価格を重視する場合におすすめです。格安の型落ち品が見つかるかもしれません。

パソコン選びはまず用途と形から。
サポート重視なら、家電量販店で相談して選ぼう。

タブレットとパソコン、何がちがうの？

タブレットもパソコンも、それぞれ得意・不得意があります。目的に合わせて選びましょう。

パソコンがマウスとキーボードを使って操作するのに対し、タブレットは画面を指やペンで触って操作します。パソコンに比べて手軽に使えて、持ち運びもかんたんです。無線環境が広がってインターネットを利用しやすくなったこと、タブレットの性能が上がったこともあり、パソコンが苦手なシニアの利用も増えています。

ただし、パソコンに比べて、タブレットでできることは限られています。**文書作成や表計算といった作業は不得意で、画像処理や映像処理も遅くなりがち**です。印刷も、無線環境に対応したプリンタが必要になります。

タブレットのOS（P19参照）には、Windowsの他に、iOS（アイオーエス）、Android（アンドロイド）などがあります。一般のパソコンの9割がWindowsなのに対し、タブレットの70%はiOSを搭載したiPadです。そのため、タブレット＝iPadという図式も成り立っています。

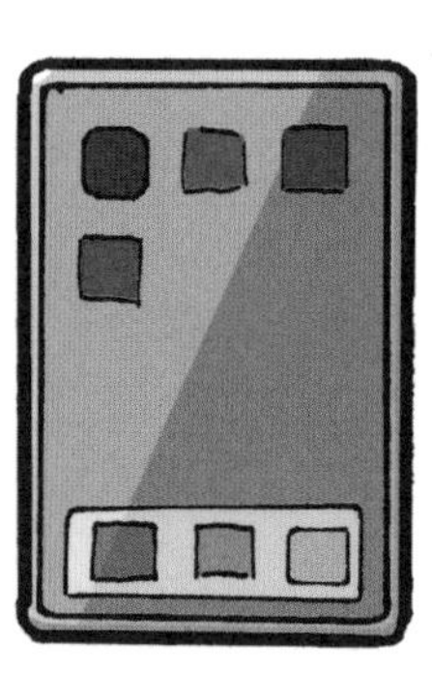

タブレットとパソコンのできること／できないこと

タブレットとパソコン、できることとできないことのちがいは何？

タブレットとパソコンには、それぞれ得意・不得意があります。以下の表に、それぞれのできること／できないことをまとめたので、参考にしてみてください。

	タブレット	パソコン
種類	iOS · Android · Windows	Windows が 90 % · macOS · Chrome OS
指で操作	◎できる	△対応機種が少ない
入力	△ハードウェアキーボードを追加できる	○キーボードですばやく入力できる
○○しながら	○立ったままや何かしながら使いやすい	×立ったまま使えない
写真・動画の撮影	○しやすい	×難しい
作業の切り替え	△できるが、しづらい	◎キーボードでも作業の切り替えができる
アプリの追加	○かんたん。クレジットやウェブマネーなどで支払い	○種類が豊富
バッテリーの持ち	◎非常によい	△ピンきり
通話	△アプリでできる · カメラ付き	△アプリでできる · カメラがない機種もある
価格	○低価格のものもある	△ピンきり
総評	インターネットやメール、エンターテインメント利用に適した機器	文書作成などオールマイティに使える。他の機器の中心になる

タブレットは画面を指やペンで触って操作するパソコンの一種。最近はシニアの利用も増えている。

パソコン

14 安いパソコンと高いパソコン、何がちがうの？

主に性能×メーカーによって、価格のちがいが出ます。

パソコンの**価格が異なる理由には、性能・メーカー・型落ち**があります。性能については、パソコンの頭脳であるCPUの影響が大きいです。CPUの性能が高いほど、パソコンの価格も高くなります。CPUの他に、メモリやSSDの容量、液晶のキレイさによっても価格の幅が出てきます。また、**マイクロソフトワードやエクセルが付属していないものは2万円程安く**なります。基本ソフトとしてWindowsではなく**Chrome OSが搭載されている場合も、安く**なります。

CPU、メモリ、SSDの性能や液晶のキレイさが同じでも、メーカーがちがえば価格が変わります。海外メーカーに比べて国内メーカーの方が、最初から入っているアプリの数、**トラブルや故障時のサポートの丁寧さ、強度テストの回数**などによって、価格が高くなりがちです。

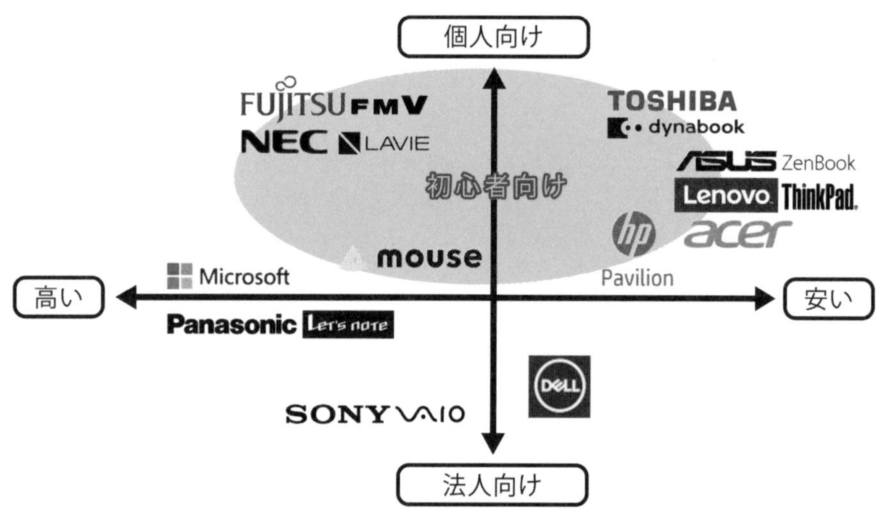

型落ちかどうかによる価格のちがい

型落ちパソコンや展示品はどうなんですか？

パソコンも、洋服と同じように春夏と秋冬の年2回、モデルチェンジして発売されます。CPUやSSDなどの性能が向上する他、機能が追加されたり、付属のアプリが更新されたりして使いやすくなります。しかし、**基本的な機能にそれほど大きな変更はありません**。型落ちすると一気に値段が安くなるので、新機能に興味がない場合はお買い得でしょう。

ただし、購入の**タイミングによっては、新しいOSが搭載され、使い勝手が大きく変わる場合**があります。例えば2021年9月に購入したパソコンはWindows 10ですが、その1ヶ月後にはWindows 11が発表されています。画面のデザインや使い方が大きく変わっているので、新しいOSを待つか、安定した旧来のOSを買うかは好みによって変わってきます。

なお、展示品のパソコンは安価で購入できますが、バッテリーや差し込み口、液晶など劣化していることがあるため注意が必要です。

長い間、電源がついたままの展示パソコン

パソコンの価格のちがいは、性能×メーカー×型落ち×状態×購入時期で決まる！

パソコンの捨て方を教えて！買い換える時の注意点は？

パソコンを捨てる前に、大切なデータがあるかどうかを確認しましょう。大切なデータは、移行作業が必要です。

パソコンには大切な情報が入っているので、廃棄する時には注意が必要です。パソコン本体を破壊したとしても、データが保管されているSSD（P27）に物理的なダメージがなければ、個人情報の入っているデータを取り出せてしまいます。**データを盗まれた場合のリスクの大きさによって、データの消去や取り扱いを検討**しましょう。

①財産を盗まれたり、会社が倒産、解雇される危険性がある
強力なデータ消去アプリで、データを完全消去します。そうすれば、盗み取られる可能性はほぼありません。データの入っているSSDを取り外せる場合は、SSDを物理的に破壊すれば、盗み取られることはありません。

②社会的なダメージ、人間関係に悪影響を及ぼす可能性がある
データ消去アプリを利用して、データを完全に消去します。

③心理的なダメージ、家族や会社から注意される
リカバリ（次ページ参照）しましょう。この方法でも、盗み取られる可能性はほとんどありません。

データを消去し終わったパソコンは、次の方法で処分するのがおすすめです。

①メーカーや市区町村でリサイクルする。一般的なパソコンは、**購入時にすでにリサイクル代金が含まれている**ため、**無料でメーカーが引き取って**くれます。

②友人や支援団体へ譲渡する。
③リサイクルショップやオークションで販売する。

リカバリ(初期化)の方法

リカバリ(初期化)をする方法は?データはなくならないの?

パソコンを廃棄や譲渡する前に、パソコンを**買った時の状態に戻すことを、リカバリまたは初期化**と言います。リカバリすると、パソコンの中に保存した個人データはすべてなくなります。リカバリの方法はパソコンによって異なるため、購入時に付属していたマニュアルの「リカバリについて」のページを参考に、1つ1つ丁寧にやっていきましょう。

手順 ①
「■」(スタート)を右クリックし、「設定」を(左)クリックする。

手順 ②
「システム」を(左)クリックし、「回復」から、「PCをリセットする」を(左)クリックする❶。

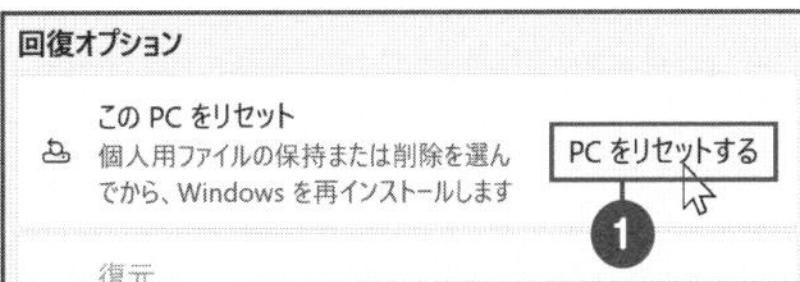

買い換える時の注意点は?

それじゃあ、パソコンを買い換える時の注意点は何ですか?

パソコンを買い換える場合は、他の家電の買い換えと異なり、**データの移行や設定のやり直しが必要**になります。古いパソコンから必要なデータを抜き出して、新しいパソコンへ移動します(詳しくはP56を参照)。

消去したいデータのリスクに合わせて、パソコンの捨て方を検討しよう。

最近、パソコンの動作や起動が遅いんだけど…

パソコンの動作が遅い理由はさまざまですが、長く使っているとどうしても動作が遅くなっていきます。

パソコンを長く使用していると、購入時よりも、あきらかに動作が遅くなっていきます。これは、定期的に行われるWindowsの更新やアプリの更新、購入後に入れたアプリが影響しているためです。動作を速くするための**手っ取り早い方法は、メモリの増設**です。メモリはパソコンによって種類がさまざまで、機種にあったものを調べる必要があります。また、パソコンによって増設の上限が決められています。タブレットなど、増設できない機種も増えています。メモリを増設する場合は、予算内でめいっぱい増設するとよいでしょう。メモリはパソコン購入後、1年程たった時がもっとも低価格になっていることが多く、あまりにも古くなると作られなくなるため、驚くほど高価になっています。

なお、**しばらくパソコンを使っていないと、起動した時にWindowsの更新(P20参照)が始まり、それが原因で一時的に動作が遅くなる**ことがあります。電源を入れてから1～2時間放置すると、更新が完了し、快適に使えるようになります。

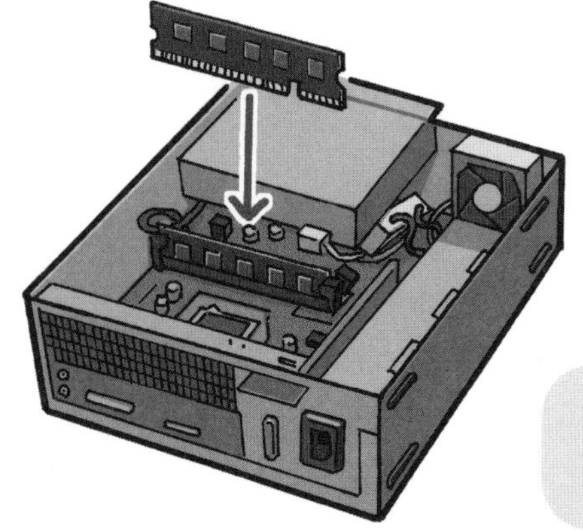

パソコンの動作の改善には
メモリの増設がおすすめ

スタートアップを減らす

起動時に立ち上がるアプリ（スタートアップ）って何？

パソコンの**起動が遅い原因の1つに、スタートアップ**があります。アプリの中には、パソコンが起動するのと同時に一緒に起動するものがあり、これをスタートアップと言います。電源を入れたあとに表示されるウィンドウや、右下の通知領域に表示されるアイコンなどがスタートアップです。スタートアップを減らす方法は、以下の通りです。ただし、よくわからないスタートアップは、無用なトラブルを防ぐためにも停止しないようにしましょう。

手順1

「■」（スタート）を右クリックし❶、「タスクマネージャー」を（左）クリックする❷。

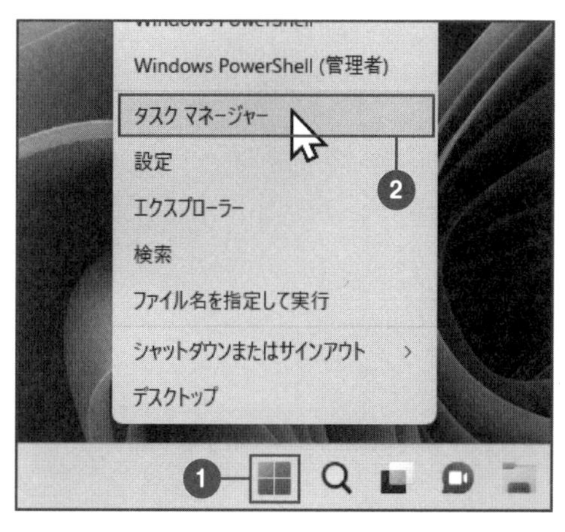

手順2

「スタートアップアプリ」を（左）クリックし❶、無効にしたいアプリを（左）クリックする❷
例）スマートフォン連携、Microsoft Teams、To Do、FukumaroResident
「無効化」を（左）クリックする❸。

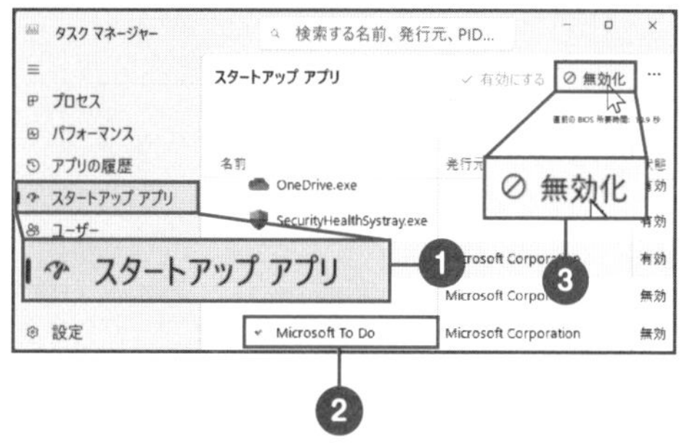

動作が遅い原因についてのかんちがい

写真の入れすぎでも遅くなりますよね？

パソコンの動作が遅くなる原因として、写真等のデータの入れすぎと勘ちがいしている方も多いです。しかし、**データの入れすぎでパソコンの動作が遅くなることは稀**です。データがいっぱいになると「ディスク容量がいっぱいです」と表示されるので、その場合は不要なデータを外付の記憶装置に移動させたり、削除したりしましょう。また、**アプリを入れすぎていると、パソコンの動作が遅くなる**ことがあります。P70の方法で、使っていないアプリを削除しましょう。

パソコンの動作が遅いのはインターネット回線が原因？

インターネット回線はインターネットにつなげるための通信なので、パソコン全体の動作とは関係ありません（P174）。インターネットの表示が遅いと感じる場合は、契約内容や回線の状況についてプロバイダーに問い合わせてみましょう。

最適化・デフラグが効果的って言われたんだけど？

少しマニアックな話になりますが、パソコンには最適化と言って、デフラグやトリムという機能があります。デフラグは、ハードディスク上に散らばったデータを拾い集めて整理すること。**トリムは、SSD上の削除された領域をいつでも使えるようにすること**です。どちらも、パソコンの動作を速くする効果があります。以前は定期的に実行するべきと言われていましたが、最近は自動的に行われることも多くなっており、**手動で最適化を行う必要はありません**。

トリムはSSDの空白スペースに目印をつけるイメージ

パソコンの動作を少しでも速くする

パソコンの動作を少しでも速くしたいんだけど…

これまでに紹介した以外にも、パソコンのパフォーマンスに影響のある**設定内容を見直すことで、動作を少しでも速くする**ことができます。起動以外の通常の操作は、次のように設定することでも速くすることができます。

手順❶

「■」（スタート）を右クリックし、❶、「設定」を（左）クリックする❷。

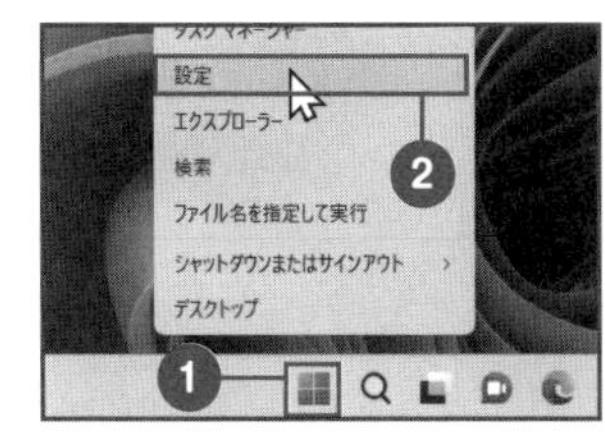

手順❷

「システム」を（左）クリックし、「バージョン情報」（左）クリックする。「システムの詳細設定」を（左）クリックする❶。

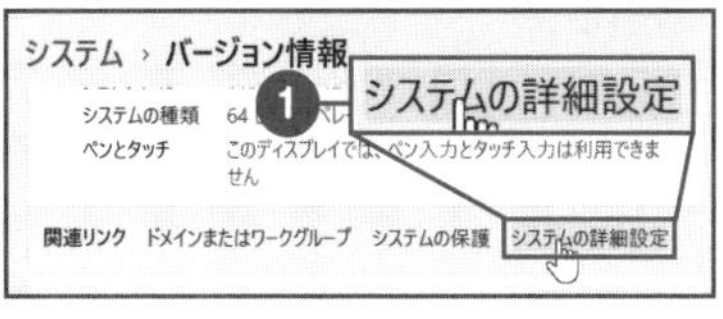

手順❸

「詳細設定」タブを（左）クリックする。「パフォーマンス」の「設定」を（左）クリックする❶。

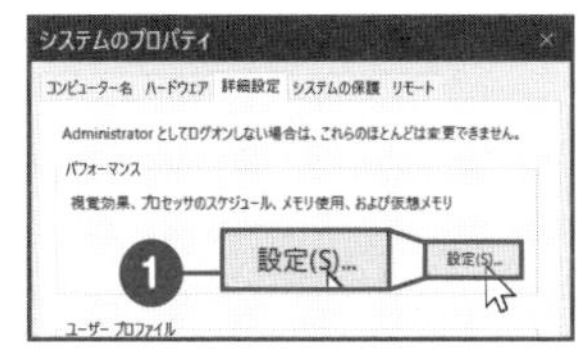

手順❹

パフォーマンスに影響のある項目（例えばアニメーションや影、フェードやスライド）のチェックを（左）クリックして、外す❶。

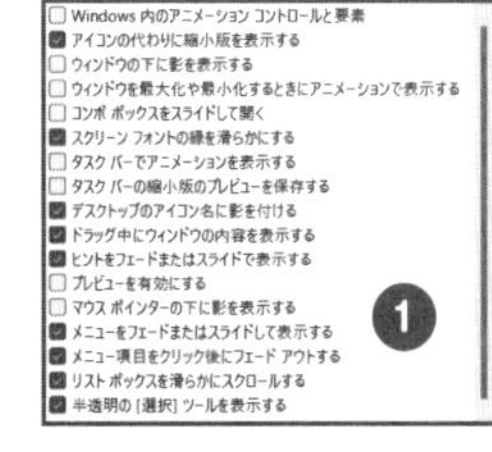

メモリの増設やスタートアップを減らすことで、パソコンの動作を速くできる。

パソコンが動かなくなった！

パソコンが動かなくなったら、慌てず現状を把握しましょう。それから、タスクマネージャーで対処しましょう。

パソコンが動かなくなったら、まずはハードディスクアクセスランプを見てみましょう。ランプが激しく点滅しているようなら、考え中、実行中の可能性があるのでしばらく待ちましょう。それでも動かないようなら、以下の方法を試しましょう。

手順①

Ctrl キーと Shift キーを押しながら Esc キーを押す。

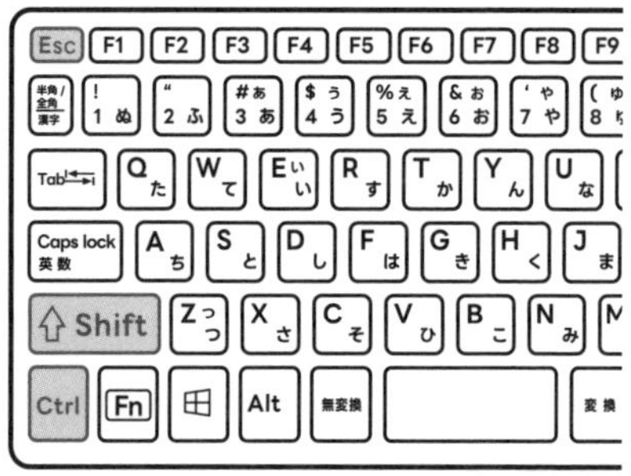

手順②

タスクマネージャーが起動したら、「プロセス」を（左）クリックする❶。「応答なし」や直前まで使っていたアプリをクリックし❷、「タスクを終了する」を（左）クリックする❸。

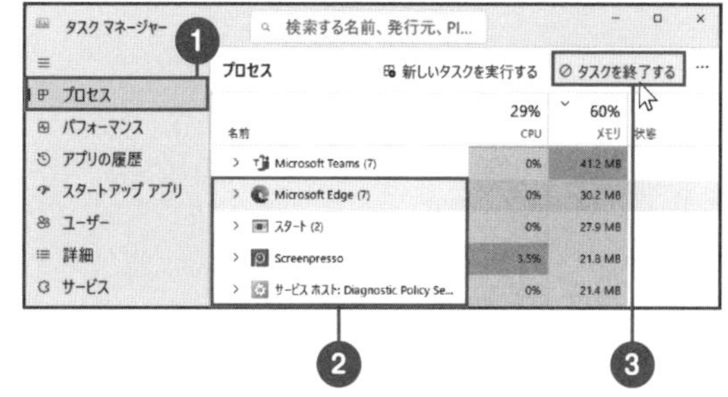

手順③

手順2まで試しても動かない場合は、電源ボタンを10秒ほど長押しする。1分程待ってから電源を入れる。

パソコンが起動しない場合の自己診断

パソコンが起動しなくなった！どうしよう？

パソコンが起動しない場合は、最初に、起動の動作がどこで止まってしまうかを把握します。電源ボタンを押すと、通常は次のような流れで画面が表示され、パソコンが起動します。

①電源ランプが光る→②メーカーのロゴ→③「ようこそ」→④デスクトップが表示される→⑤マウスで操作できるようになる→⑥アプリの起動ができる

①②で止まってしまう場合、電源ランプが光らなければ、**バッテリーと電源アダプターをすべて取り外し、10分ほど放置**します。また、底部に差し込まれているメモリを取り外せる場合は、差し込み直します。これでも起動しない場合は、修理が必要です。
③～⑥で青い画面が出て止まってしまう場合は、**「0x0000??」といった番号を控えて、インターネットで検索**するか、詳しい人に調べてもらいましょう。最終的には、P45のリカバリで復旧を試みます。中に入っているデータが必要な場合は、業者に依頼しましょう。

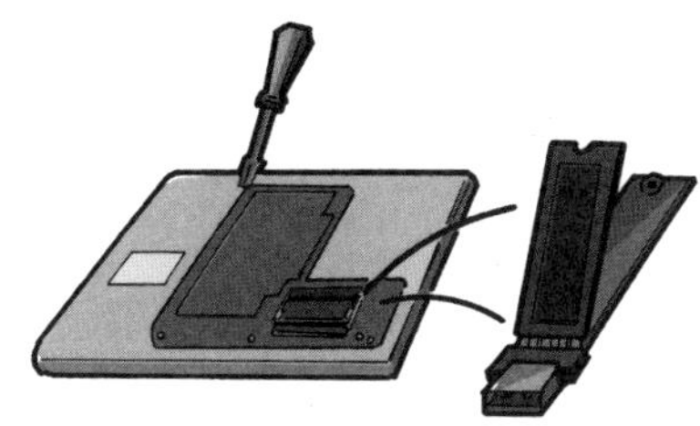

SSDを取り出し、ケースに入れて別のパソコンから救出することもできる

**パソコンが動かなくなったら、
慌てず現状把握。可能なら再起動も効果的。**

パソコンが壊れる原因はいったい何？

パソコンが壊れる原因を大きく分けると、物理的(ハードウェア)とシステム(ソフトウェア)の2つがあります。

「パソコンが壊れる」と言った場合、**物理的（ハードウェア）な不具合とシステム（ソフトウェア）の不具合**の2つの意味が含まれています。ですが、「壊れる」「故障」と言った場合、正しくは物理的なトラブルのことを言うことが多いです。物理的な不具合の場合は、修理や、部品の交換が必要になる場合があります。

物理的な故障の原因としてもっとも多いのが、自然故障です。一般的な家電製品とちがい、パソコンはたいへん壊れやすいものです。特に、大幅なコスト削減で安価な部品が多く使われているような製品は、2〜3年で自然故障が発生します。とはいえ、高価なパソコンが2〜3年で壊れてはかないません。そこでおすすめしているのが、**家電量販店などの延長保証**です。パソコンが壊れてしまった経験がない方には不要に思われがちですが、いざという時のために入っておくと安心です。

自然故障の他、落下、水こぼし、盗難に対応した保証も。ACアダプタは対象外、経年により補償額が減るなど、購入店やメーカーごとにちがいがある

よくある物理的な故障

物理的な故障や不具合の原因には、どんなものがあるの？

パソコンの物理的な故障や不具合には、以下のような原因があります。この場合は、メーカーに修理を依頼する必要があります。

■ 接続端子の故障

USBケーブルや電源を挿したまま持ち運んでしまうと、中の樹脂部分が折れて接触不良になり、使えなくなることがあります。また、電源やUSB端子がメインの基盤（マザーボード・P22）から剥がれると、電源が入らなくなってしまいます。

■ 落下・衝撃

持ち運びをするノートパソコンやタブレットは、誤って落下させてしまうことがあります。持ち運ぶ際は、ソフトケースなどに入れましょう。

■ 水没

パソコン内部に水が侵入してしまうと、起動するのも難しいでしょう。水がかかってしまった場合は、慌てて電源を入れるのではなく、充分に乾かし、時間をおいてから祈るように電源を入れてみましょう。

■ 熱

意外と多いのが、熱による故障です。CPUは発熱しやすく、パソコン自体が熱を冷ましにくい構造のため、高温になり、故障につながります。

■ 落雷

私の周りでは、年に1人は雷でパソコンを壊してしまう人がいました。近くに落ちることで電源やインターネット回線などから雷が侵入します。雷が近いなと思ったら、電源ケーブルやLANケーブルを抜きましょう。雷ガードの電源タップもおすすめです。

■ **磁気**

内蔵のハードディスクに限らず、パソコンの中には磁力を持つ部品が数多く含まれています。パソコンの近くに、磁気の出るものを置かないようにしましょう。

■ **バッテリーの消耗**

ノートパソコンのバッテリーは、およそ2年程度です。寿命が近づくと、電源の減りが速くなり、最終的には充電できなくなります。**バッテリーの交換ができない機種は、メーカーでの交換**になります。

■ **清掃**

ファンなどの熱を排出するための出入口は、ホコリが溜まってふさがると、故障の原因になります。エアーダスターなどで、こまめに清掃をしましょう。

異音の原因

パソコンを使っていると、今までにない大きな音がすることがあります。**異音の原因としては、ファンの故障、ハードディスクの故障など**が考えられます。ファンは扇風機のような構造になっているため、中心の軸がずれると、かなり大きな音が鳴ります。ハードディスクも同様に、円盤状のものが高速で回転し、レコードのような針がついている構造になっているため、少しでもゆがむとカリカリという異音がしてきます。**異音がする場合は、メーカーによる修理が必要**かもしれません。また、予防としては磁力があるものの近くにパソコンを置かないようにしましょう。

システム（ソフトウェア）の不具合

システムの故障や不具合には、どんなものがあるの？

システム（ソフトウェア）の故障や不具合の原因には、次のようなものが考えられます。これらを予防することは難しいので、データのバックアップをとっておいたり、いざという時のために問い合わせ先やサポート会社などに連絡できるようにしましょう（P14参照）。

■ **ソフトウェアの不具合**

ソフトウェアの不具合によって、パソコンが動かなくなることがあります。OSやアプリの更新の途中で強制終了してしまった時や、新しいアプリを入れた時、また何の脈絡もなく（本当はあるのですが気がつかない）起動不能に陥ることがあります。

■ **データの入れすぎ**

データの入れすぎによる不具合もあります。最近のパソコンの中には、SSDの容量が極端に少ないものがあります。また、映像の録画や編集をしている場合は、扱うデータが大きく、いっぱいになることがあります。**残りの容量が1GBを切ったあたりから、トラブルが増えます**。不要なファイルは削除しましょう。

■ **ウイルス感染**

ウイルス感染が不具合の原因になることもあります。詳しくは、第7章を参照してください。

セキュリティについての正しい知識を身につけることも重要

システムの不具合なら修復可能。物理故障は修理や交換が必要。

パソコン

19 パソコンを買い替えたのでデータの引っ越しをしたい！

パソコンのデータを引っ越すには、クラウドが便利です。

パソコンを買い替えた場合、家電とはちがい、データや設定を移動させる必要があります。

■ USBメモリや外付ドライブを使って引っ越す

古いパソコンのデータをUSBメモリや外付ドライブに移動し、それから新しいパソコンにコピーする方法です。手間はかかりますが、確実です。ついでに、不要なファイルの仕分けもできます。

■ クラウドのOneDriveで引っ越す

古いパソコンと新しいパソコンで**同じMicrosoftアカウントを使用し、OneDriveを使ってデータを共有**する方法です。引っ越したいデータをすべてOneDriveに移動し、新しいパソコンにコピーします。

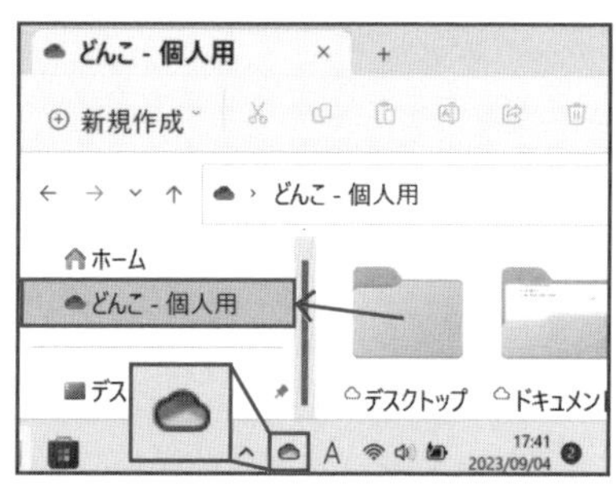

通知領域でOneDriveの状態を確認。ナビゲーションウィンドウでデータの移動ができる

■ 引っ越しアプリやツールを利用する

データを移動させるための引っ越しアプリやツールがあります。通常、引っ越しの難しいアプリや設定などを移動できるものもあります。ただし、これらのアプリの使用によって新しいパソコンに不具合が出ることもあり、注意が必要です。初心者にはおすすめできません。

■ 起動できないパソコンのデータの引っ越し

起動できないパソコンのデータは、内蔵されている**SSDを取り出し、ドライブケースに入れて、新しいパソコンに接続**することで引っ越しができます。この場合は、業者に依頼するのがよいでしょう。

引っ越すデータを外付ドライブに移行する

古いパソコンから外付ドライブにバックアップする方法を教えて！

外付ドライブを使ったデータの引っ越しは、古いパソコンのデータを外付ドライブにコピーし、新しいパソコンへコピーすれば完了です。

手順①

外付ドライブをパソコンに接続する。

手順②

「エクスプローラー」を（左）クリックし、「ローカルディスク(C:)」を（左）クリックする❶。「ユーザー」をダブルクリックする❷。

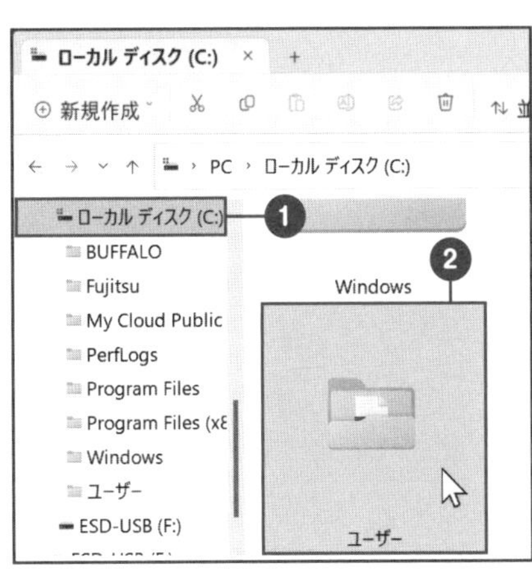

手順③

引っ越すデータが保存されているユーザー名のフォルダーをダブルクリックする❶。「共有フォルダー（パブリック）」にも大切なデータが残っている場合があるので、確認しよう。

手順❹

「ドキュメント」や「ピクチャ」を、ナビゲーションウィンドウの外付ドライブ（例ではESD-USB（F:））にドラッグする❶。

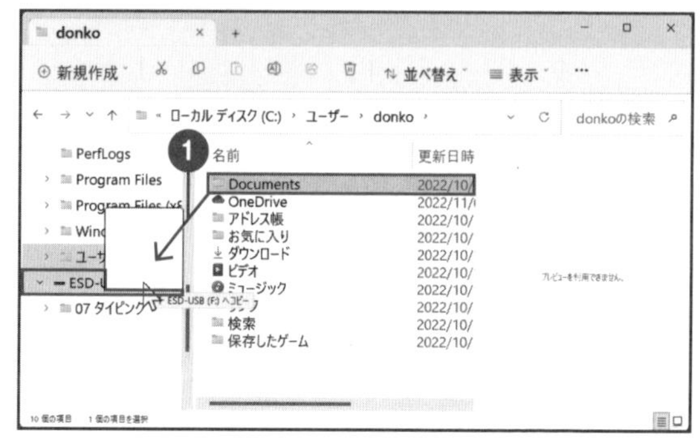

この方法で引っ越しできるデータには、次のようなものがあります。

□ドキュメント内のデータ（写真・音楽・文書・住所録・動画など）
□デスクトップのデータ
□共有フォルダー（パブリック）内のデータ
□インターネットのお気に入り
□メール（送信メッセージ・受信メッセージ）
□設定（インターネット設定・メール設定）

これらのうち、インターネットの**お気に入りやメールのメッセージ、設定などの引っ越しは難易度が高くなります**。家電量販店や業者に依頼するのがおすすめです。ブラウザのEdge（エッジ）やChrome、Gmailを同じアカウントで使うのであれば、お気に入りやメールのメッセージの引っ越しは必要ありません。

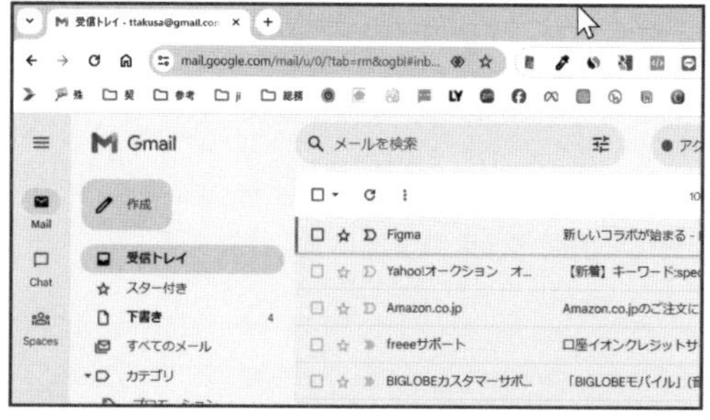

ChromeやGmail、Edgeは同じアカウントでログインすれば、引っ越し作業は不要

外付ドライブから新しいパソコンにコピーする

外付ドライブから新しいパソコンに移す方法を教えて！

外付ドライブに入れたデータを新しいパソコンにコピーすれば、引っ越しは完了です。

手順①
外付ドライブを新しいパソコンにUSBケーブルで接続する。

手順②
「エクスプローラー」を（左）クリックし（P116参照）、「外付ドライブ」（例ではESD-USB(F:)）を（左）クリックする❶。

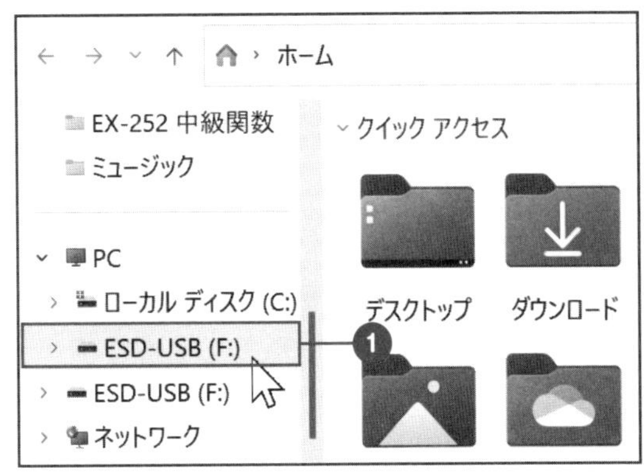

手順③
古いパソコンのデータを、ナビゲーションウィンドウの「ドキュメント」にドラッグする❶。

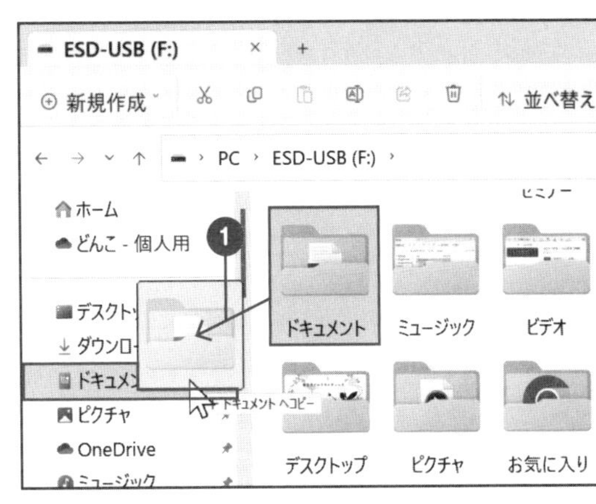

データの引っ越しは、外付ドライブまたはOneDriveが便利。

スマートフォンとアンドロイド、アイフォーンのちがいは何？

アンドロイドは基本ソフト、アイフォーンは製品の名称です。スマートフォンは、これらの総称です。

多くの人が利用しているスマートフォンですが、**パソコンとほぼ同じ**機能を持っていて、かつ通話機能を追加して持ち運びをしやすくしたものと言えます。スマートフォンは、**画面を指で直接触れることで操作**します。ただし、パソコンと比較すると**画面が小さい**ため、使い勝手や性能面では劣ります。スマートフォンの購入はDocomo、au、SoftBankなどの**通信会社と契約する**のが一般的です。近年は本体だけを購入して、大手３社以外の格安SIMを契約して利用する人も増えてきています。

Apple社が開発した基本ソフト**iOSが入っている製品が、アイフォーン**です。一方、**アンドロイドは、Google社が開発した基本ソフト**です。アンドロイドの入っている製品には、Googleピクセル、エクスペリア、ギャラクシーなど、たくさんの種類があります。これらすべてをひっくるめて、スマートフォンと呼びます。iPad（アイパッド）は、iOSの入ったApple製のタブレットです。

総称	スマートフォン		タブレット	パソコン	
OS	アンドロイド	iOS	iOS	Windows	macOS ChromeOS
製品名	Google ピクセル・エクスペリア等	iPhone（アイフォーン）	iPad（アイパッド）	Lavie・FMV・MacBookなど	

スマートフォンは小さいパソコン。
契約や買い方は携帯電話と同じ。

第2章

アプリの「困った！」「わからない！」に答える

パソコンで何かを行うためには、ソフトウェアやアプリが必要です。パソコンをマスターするということは、アプリの使い方をマスターすることであるとも言えます。本章では、そんなアプリに関するさまざまな疑問にお答えします。また、アプリの更新や、表示されるメッセージ、トラブルの対処方法についても解説します。

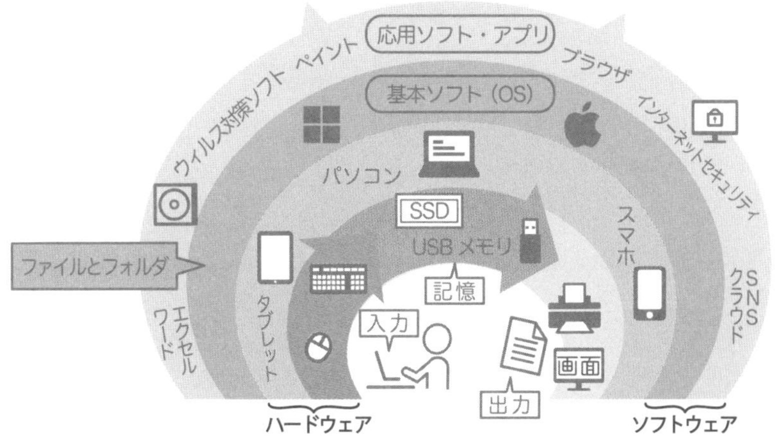

ソフトウェア、プログラム、アプリのちがいは何？

ソフトウェア、プログラム、アプリは、ほとんど同じ意味で使われる言葉です。

ソフトウェア、プログラム、アプリに、大きな意味のちがいはありません。細かいちがいとしては、ソフトウェアには基本ソフト（OS）と応用ソフトがあり、この応用ソフトのことをアプリやアプリケーション、プログラムと呼びます。なおプログラムは、Windows 10以降はパソコンに命令を与えて実行させること全般を指す言葉として使われるようになっています。パソコンの中に入っているアプリは、Windows 11の場合は**スタートメニュー右上の「すべてのアプリ」から確認**することができます。

＼ 触れることができる ／

ハードウェア　マウス・画面など

反対の意味

＼ 触れることができない ／

ソフトウェア

基本ソフト（OS）
Windows 11
macOS　など

反対の意味

応用ソフト
アプリケーション
＝
プログラム
マイクロソフトワード・エクセル など

ハードウェアの反対の意味としてソフトウェアがある。基本ソフト（OS）は数種類しかないが、応用ソフト（アプリ）はたくさんある

主要なアプリ

パソコンの中に入っている、代表的なアプリの種類と役割を紹介します。

■ **マイクロソフト ワード（Microsoft Word）**

文書を作成するためのアプリです。図や写真、表を挿入することもできます。

■ **マイクロソフト エクセル（Microsoft Excel）**

表計算を行うためのアプリです。家計簿や簿記などに利用します。

■ **マイクロソフト エッジ（Microsoft Edge）**

インターネットでホームページを見るためのアプリです。ブラウザとも言います。メールのやり取りも行えます。

■ **メディアプレーヤー**

動画や音楽を再生するためのアプリです。

■ **筆ぐるめ**

年賀状を作成するためのアプリです。住所録も作れます。

■ **フォト**

写真を取り込んだり、かんたんな加工ができるWindows 11の標準アプリです。

■ **セキュリティアプリ**

パソコンをウイルスや不正侵入から守るアプリです。ウイルス対策や迷惑メール対策、不正侵入防止、子供に不適切なホームページを見せないフィルタリング機能などが含まれています。

ソフトウェア、プログラム、アプリはほとんど同じ意味。使い分けられるとカッコいい。

アプリ 02 アプリはどこで買えばいいの？

Storeアプリやインターネット上のダウンロードページ、家電量販店で入手できます。

国内メーカーのパソコンには、あらかじめたくさんのアプリが入っています。このように、パソコンの中にあらかじめアプリが用意されていることを、プリインストールと言います。最近では、初期設定時にアプリを選択できたり、あとから追加したりできるようになっています。パソコンに入っていないアプリは、Storeアプリ、インターネット上のダウンロードページ、家電量販店で入手できます。

インターネットでアプリを入手するには、「ウイルス対策　フリーソフト」「画像整理　ダウンロード」のように**「目的＋フリーソフト」「目的＋ダウンロード」といったキーワードを入力し、検索して探します**。Storeアプリを使うと、アプリのダウンロードとインストールをかんたんに行うことができます。

DVDが入ったパッケージ版アプリと、使用するための番号（プロダクトキー）が記載されたカード版のアプリ。家電量販店や通信販売で購入できる

アプリはどれを使えばいいの？

アプリの選び方は、「人気がある」「使いやすい」「他のパソコンでも使える」の3つです。

アプリは、いろいろなメーカーから提供されています。中には、個人で作成、配布しているものもあります。あまりにも多くのアプリがあるため、自分に合ったアプリを見つけるのはたいへんです。私が考えるよいアプリの基準は、以下の通りです。**自分の希望と機能の一覧表を作成する**ことで、最適なアプリやサービスを選ぶ方法もあります。

■ **人気がある**

周りの人が使っている、**ダウンロード数や評価数の多いアプリ**がおすすめです。

■ **使いやすい**

自分で使ってみて、**わかりやすいか、ボタンが大きくクリックしやすいか**などを確認しましょう。

■ **他のパソコンでも使える**

新しいパソコンでは使えないアプリや、パソコンに付属されていて**別売していないアプリ**があります。パソコンを買い換えた時に使えなくなるアプリは、おすすめできません。

メールアプリ比較	希 望	Outlook	Gmail	Yahoo! メール
スマホでも受信可能	必 要	×	○	○
引越し時、設定がいらない	こだわらない	×	○	○
複数のアドレスで送受信できる	不 要	×	○	×
迷惑メールが入ってこない	必 要	△	○	△

アプリ 04

アプリのインストール方法を教えて！

Storeアプリを利用する方法と、インターネットからダウンロードする方法を紹介します。

アプリをインストールするには、**Storeアプリを利用する方法とインターネット上のダウンロードページを利用する方法**があります。なお、家電量販店で購入したアプリの場合は、パソコンのドライブにCDまたはDVDなどのメディアをセットするか、インターネットからインストーラをダウンロードすることで、インストールの操作を行います。

Storeアプリを利用する方法

Storeアプリを使ってアプリをインストールするには、Microsoftアカウントが必要です。パソコンの**初期設定で使ったアカウントでサインイン**します。

手順①

スタートメニューから、「Microsoft Store」を（左）クリックする❶。

手順❷
利用したいアプリを検索するか、カテゴリーから選ぶ❶。「無料」のアプリを（左）クリックし、「入手」または「インストール」を（左）クリックする❷。

手順❸
Microsoftアカウントの画面が表示されたら、「サインイン」を（左）クリックする。Microsoftアカウントのメールアドレスとパスワードを入力する。ダウンロードとインストールが完了すると、スタートメニューに表示される。

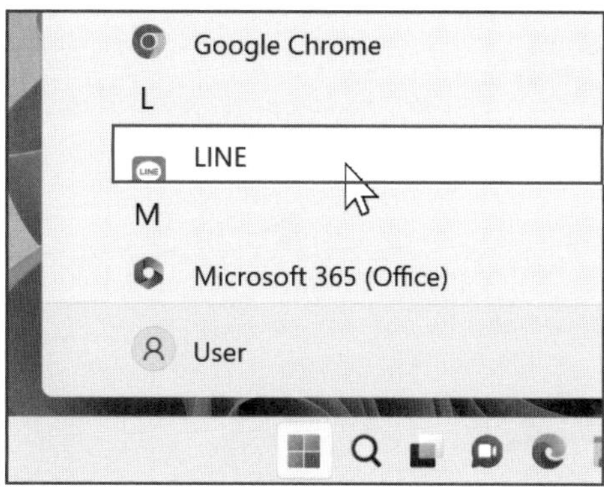

インターネットからアプリを探す

インターネットでアプリを探すには、アプリ名または目的で検索します。アプリのページで**「ダウンロード」というボタンを見つけて（左）クリック**すれば、ダウンロードが始まります。

手順❶
ブラウザの検索窓に「目的またはアプリ名　ダウンロード」と入力し、Enterキーを押して検索する❶。

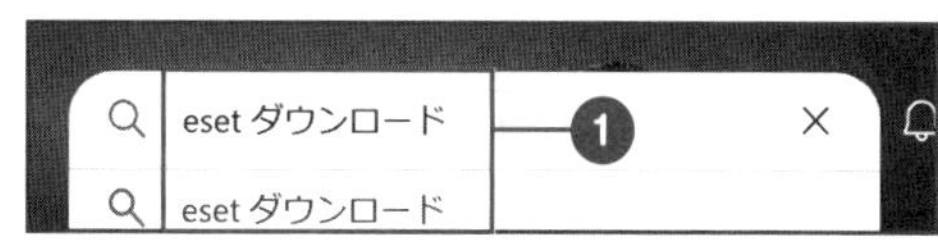

手順❷
「広告」「PR」以外の検索結果から、「これは」と思うものを（左）クリックする❶。

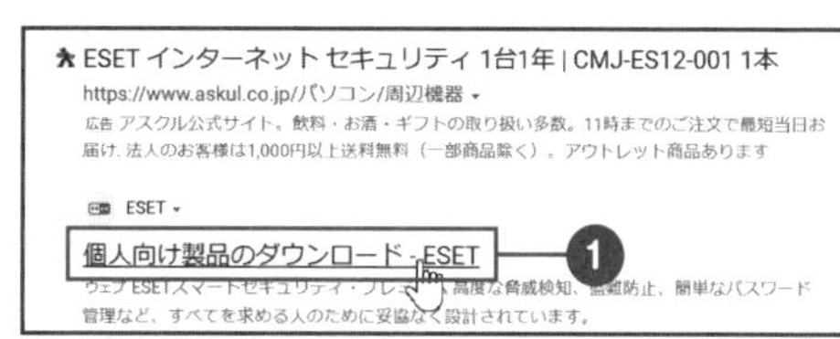

手順❸

アプリのダウンロードページが表示される。「ダウンロード」と書かれたボタンを探し、（左）クリックする❶。「同意してインストール」を（左）クリックする。

手順❹

画面右上（または下部）に表示される「ファイルを開く」を（左）クリックすると❶、インストールが開始される。

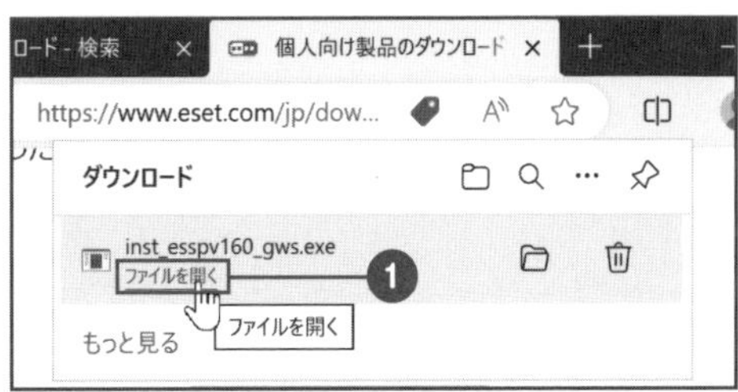

手順❺

ユーザーアカウント制御のダイアログが表示されたら、「はい」を（左）クリックする❶。

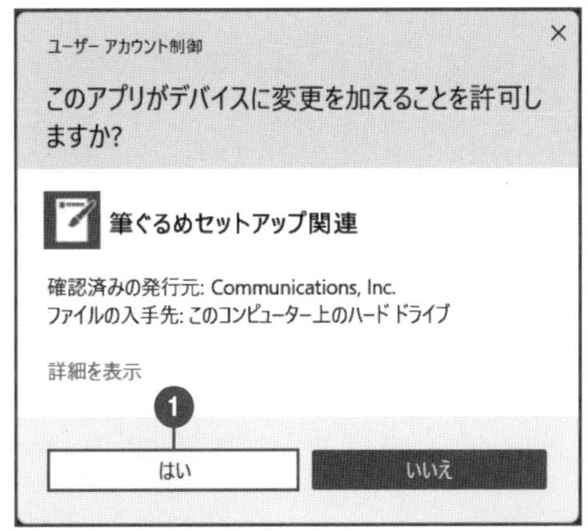

手順❻

インストーラやセットアップ画面が起動したら、内容をよく読んで、「インストール」「はい」「次へ」「同意する」などを（左）クリックすると❶、インストールが開始される。

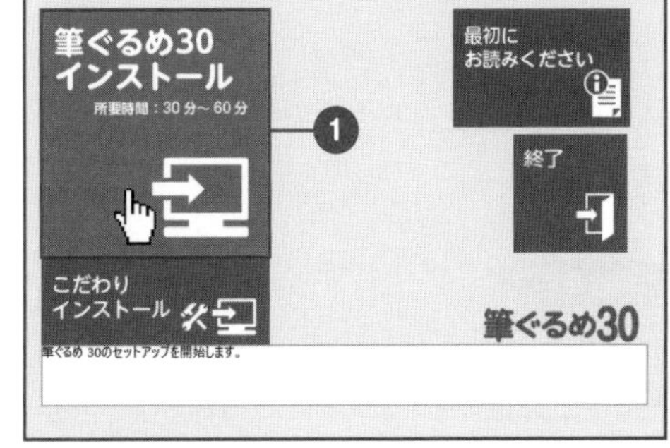

第2章 アプリの「困った！」「わからない！」に答える

手順 7

インストールが完了すると、インストール後の処理が表示される。「完了」や「確認」「再起動」を（左）クリックする❶。

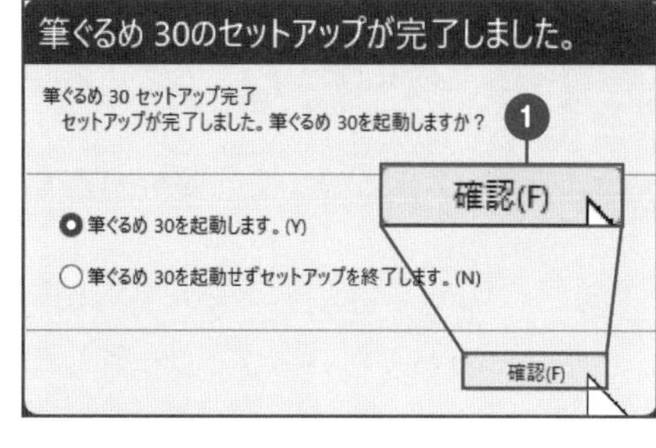

手順 8

アプリが起動し、スタートメニューの「すべてのアプリ」にアプリのアイコンが表示される。

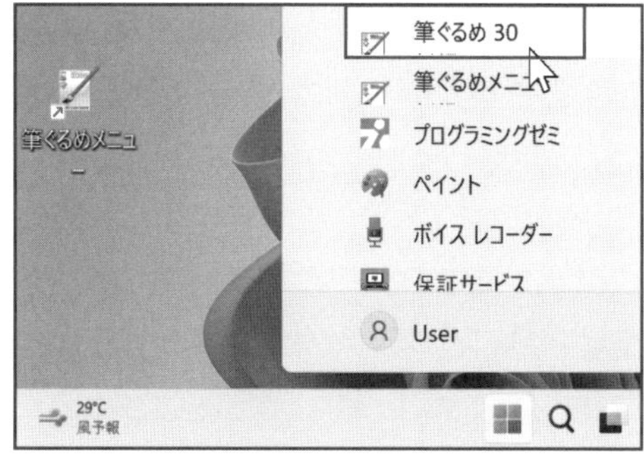

コラム

アプリの体験版を利用しよう

有料アプリの中には、無料で利用できる体験版を提供しているものがあります。機能が限定されていたり、試用期間が設定されていたりするものの、使い勝手や、やりたいことができるか、正常に動作するかを購入前に確認できます。

インストール時に表示されるダイアログは、「はい」「次へ」「同意する」で進めよう！

不要なアプリは削除できるの？

確実に使わないアプリは削除しておきましょう。ただし、よくわからないアプリは削除しないようにしましょう。

国内のパソコンメーカーは、いろいろな人に便利なように、**たくさんのアプリをあらかじめインストールしています**。また、自分でインストールしたものの、想像していたものではなかったり、使わなくなったアプリもあるでしょう。使わないアプリをそのままにしておくと、パソコンの容量も不足していきます。そこで、使わないアプリは削除しておくとよいでしょう。アプリを削除することを、アンインストールと言います。ただし、名前を見てもよくわからないアプリは、知らないところで重要な処理を行っている可能性もあるため、削除しないようにしましょう。

アプリは、次の方法で削除することができます。**アプリの削除は1つずつ行い、動作に問題が生じないか確認**してから次のアプリを削除するようにしましょう。まとめて削除したあとに問題が起きた場合、どのアプリが原因なのかがわからなくなるからです。なお、Peopleやカメラなど、Windows標準アプリの中には**削除できないアプリがある**ので注意が必要です。

手順①

「■」(スタート) を右クリックして❶、「インストールされているアプリ」を(左) クリックする❷。

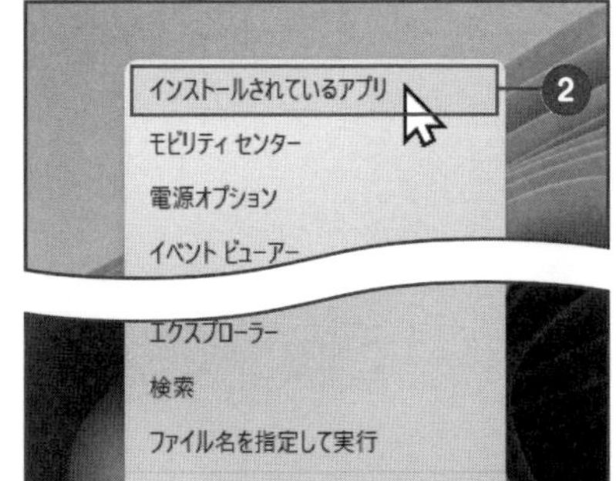

手順 ❷

不要なアプリの「…」を左クリックし❶、「アンインストール」または「削除」を（左）クリックする❷。

手順 ❸

ウィザードに従って、「はい」「次へ」「完了」などを（左）クリックする❶。

不要なアプリの一例

不要なアプリって、具体的にどんなものがあるの？

不要なアプリの例を、以下に紹介します。ただし、必要・不要の判断はパソコンの利用方法によって変わってくるので、自分の場合と照らし合わせて判断してください。

■ 広告として入っているアプリ

入会目的の広告として入っているアプリは、削除しても大丈夫です。

Disney+、j-word、Baidu IME、○○ツールバー、○○ユーザー登録、○○会員登録、○○ガイド、詐欺ウォール　など

■ **スマートフォンで代替できるアプリ**

パソコンにあらかじめインストールされているアプリの中には、スマートフォンで利用すればすむものがたくさん存在します。パソコンで見る必要がないものは、削除してもよいでしょう。

ニュース、天気、映画&テレビ、マップ　など

■ **ゲームアプリ**

使わないゲームは、削除しても問題ありません。

Candy Crush Soda Saga、Xbox、Solitaire & Casual Games など

■ **同じ機能のもの・いずれか1つあればよいもの**

同じ機能を持っているアプリは、普段使っているものが1つあれば十分です。

音楽アプリ：メディアプレーヤー、Windows Media Player Legacy、iTunes、Spotify　など
年賀状アプリ：筆ぐるめ、筆まめ、筆王　など

■ **付属品として入っていた不要なアプリ・使用頻度が低いアプリ**

上記の条件にあてはまらない場合でも、ほとんど使っていないアプリがあれば、削除してよいかもしれません。

j-word、Baidu IME、○○ツールバー、iフィルター（フィルタリングアプリP212参照）、ファミリーセーフティ、映画&テレビ　など

削除できないアプリ・削除してはいけないアプリ

削除できないアプリもあるの？

アプリの中には、削除できないものもあります。例えば、Windowsの主な機能であるEdge、スマートフォン連携、Windowsセキュリティ、Microsoft Storeなどは、システムコンポーネントにまとめられていて、アンインストールが表示されないため、削除することはできません。

削除してはいけないアプリもあるの？

以下に紹介するアプリは、削除しない方がよいアプリです。削除すると、パソコンが正常に動かなくなる可能性があります。

■ Microsoft関連のもの

名前が「Microsoft」や「Windows」から始まるアプリは、重要な役割を持っている場合があります。削除すると、パソコンが正常に動かなくなるかもしれません。

Microsoft Visual C++ 2005 Redistributable 8.0.50727.42 | Microsoft Corporation | 2022/04/14	…
Microsoft Visual C++ 2008 Redistributable - x86 9.0.30729.6161 9.0.30729.6161 | Microsoft Corporation | 2022/04/14	…

■ 重要な機能と連携しているもの

○○Driver（ドライバ）、Java（TM）、AMD、NVIDA、Roxio Creatorなどは、インターネットのサービスやパソコンの機能と密接に連携している場合があります。削除すると、それらの機能が使えなくなることがあります。

Realtek Ethernet Controller Driver 11.2.0909.2021 | Realtek | 2022/04/14	3.45 MB	…

■ よくわからないアプリ

よくわからないアプリも、削除しない方がよいでしょう。

アプリはまとめてではなく、問題が生じないか確認しながら1つずつ削除しよう。

「アプリを更新して」と表示されるんだけど…

不具合の修正や最新の状態にするために、アプリの更新(アップデート、Update)が行われます。

パソコンの中に入っているアプリの中には、セキュリティアプリのように、新しいウイルスに対応するために最新の状態にしておく必要のあるものがあります。その他にも、不具合を修正するために更新が必要になる場合があります。基本ソフトであるWindowsも、細かい更新が頻繁に行われています。またWindowsには、細かい修正の他に、数年に1度の大きな更新があります。それにより、安全性と機能の強化が行われます。Windowsの更新状況は、P21の方法で確認することができます。

アプリやWindowsを更新することを、アップデート(Update)と言います。**アップデートは不具合や安全性の向上が目的のため、無料で行う**ことができます。操作方法もそれほど変わらないことが多いです。一方、アプリやWindowsを**新しいバージョンに変更することをアップグレード**と言います。**アップグレードは有料**の場合が多く、操作方法も変わることがあります。ただし、近年は両者のちがいがなくなってきています。

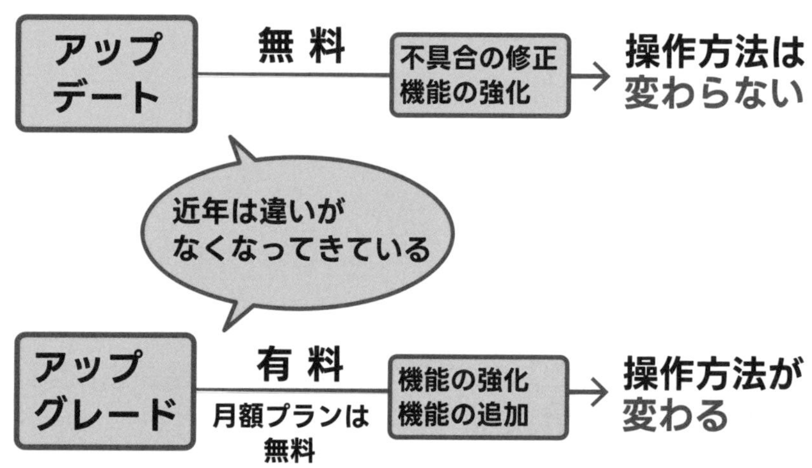

アプリのアップデート

アプリのアップデートは行った方がよいですよね？

新しいパソコンの場合は、作業が中断しない程度に**積極的にアップデートして、アプリを最新の状態に**しておいた方がよいでしょう。特にセキュリティアプリは、安全性の観点から常に最新の状態にしておく必要があります。しかし、古いパソコンを使っている場合は注意が必要です。アップデートの結果、動作が遅くなったり、不具合が起きたり、使い勝手が変わってしまったりすることもあります。最悪の場合、アプリが起動しなくなることもあります。

ここでは、ウイルスバスターというセキュリティアプリを例に、アプリのアップデートの手順を紹介します。一般的なアプリでは、同様の方法でアップデートを行うことができます。

手順 ①

右のような画面が表示されたら、アプリのアップデートが可能ということがわかる。アップデートを行う場合は、メッセージを（左）クリックする❶。

手順 ②

自動的にアップデートが始まり、完了すると「最新の状態」と表示される。

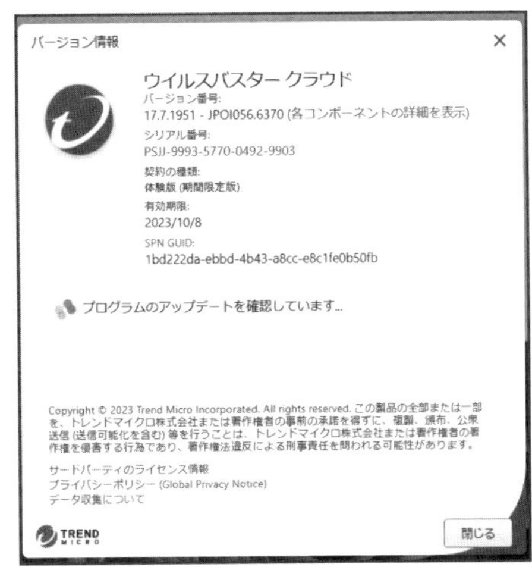

Storeアプリからインストールしたアプリのアップデート

Storeアプリ（P66）からインストールしたアプリは、一般的なアプリとはアップデートの方法がちがいます。

手順①

「⊞」（スタート）を（左）クリックし❶、「Microsoft Store」を（左）クリックする❷。

手順②

「ライブラリ」を（左）クリックする❶。「すべて更新」を何度か（左）クリックする❷。

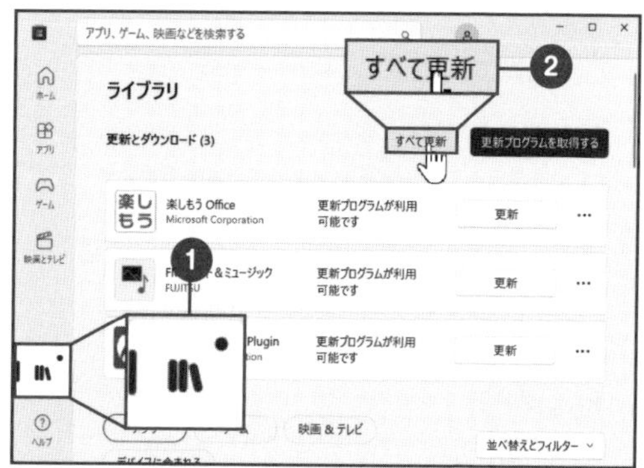

手順③

すると、最新の状態に更新できる。

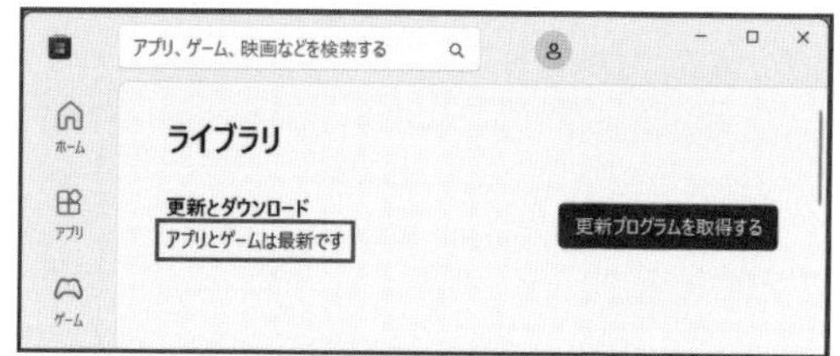

コラム

危険なアプリってあるんですか？

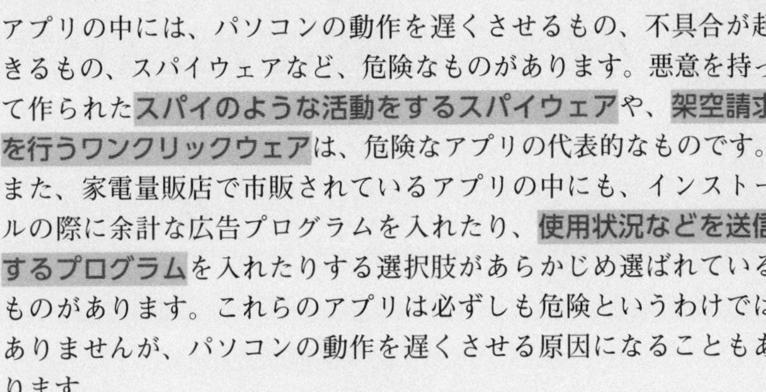

アプリの中には、パソコンの動作を遅くさせるもの、不具合が起きるもの、スパイウェアなど、危険なものがあります。悪意を持って作られた**スパイのような活動をするスパイウェア**や、**架空請求を行うワンクリックウェア**は、危険なアプリの代表的なものです。
また、家電量販店で市販されているアプリの中にも、インストールの際に余計な広告プログラムを入れたり、**使用状況などを送信するプログラム**を入れたりする選択肢があらかじめ選ばれているものがあります。これらのアプリは必ずしも危険というわけではありませんが、パソコンの動作を遅くさせる原因になることもあります。
危険を伴うアプリをしっかりと把握し、インストールする前にインターネットの**検索窓に「(インストールしようと思っているアプリの名前) 危険」のように入力し、検索**してみましょう。危険なアプリであれば、情報が表示されます。
予防策としては、聞いたことがあるアプリ以外はインストールしないという方法があります。おすすめのアプリについて、パソコンに詳しい知人やパソコン教室の先生に聞いたり、自分で知識を得たりすることで、危険なアプリをインストールしてしまうことを未然に防ぐことができます。

winzip driver updater 危険  

セキュリティアプリは、安全性の観点から積極的にアップデートをしておこう。

表示されるメッセージには、どのように対応すればよい?

メッセージが表示されるのは、パソコンがどうすればよいか判断できず、あなたからの指示を待っている状態を意味しています。

パソコンの操作で困ることが多いのが、いきなり表示される難解なメッセージです。このメッセージは**ダイアログボックスと言い、パソコンが自分だけでは何をすればよいのか判断できない**場合に表示されます。ダイアログは「対話」という意味で、あなたが指示をするまで、パソコンは作業を中断して待っています。そのため、パソコンが提示した選択肢の中から、何をするかを自分で選ぶ必要があります。

ダイアログボックスが表示された時は、**メッセージの内容をよく読み**、適切な選択肢を選びましょう。ただし、メッセージの中には不可解なものも多く、パソコンが使える人でも**正確に理解することが難しい**ものもあります。その場合は、絵柄や今までの経験をヒントに、いずれかのボタンを(左)クリックします。ダイアログボックスにタイトルバーがあれば、どのアプリからのメッセージなのかを知るためのヒントになります。

次に同じダイアログが表示された時に対処できるようになるためにも、わからないながらも文章をよく読んでおくことをおすすめします。

パソコンに対して変更を行う場合に表示される「ユーザーアカウント制御」。この画面は、Epsonのプリンターを設定する際に表示されたもの

ダイアログボックスの具体的な対処方法

ダイアログボックスの具体的な対処方法を教えて！

具体的な対処方法としては、ダイアログボックスに「OK」や「終了」といったボタンが**1つしかない場合**は、メッセージをよく読んだ上で、そのボタンを（左）クリックすればよいでしょう。
ボタンが2つ以上ある場合、例えばアプリをインストールしている最中だったり、インターネットのサービスを利用しようとしていたりする場合は、「はい」や「次へ」を（左）クリックします。それ以外の選択肢を選ぶと、**作業がそこで中断**されてしまいます。
こうした作業の途中ではなく、ダイアログボックスにタイトルバーがなかったり、不明なアプリ名だったりする場合は、「キャンセル」や「いいえ」を（左）クリックします。これで、ダイアログボックスが閉じられ、**現状を維持**できます。パソコンがおすすめする動作には、ヒントとして**ボタンの色が強調されている**ので、これを参考に選んでもよいでしょう。理解できないダイアログボックスは、普通に使っている分には影響がないことが多いので、**深刻にならなくてもよい**でしょう。

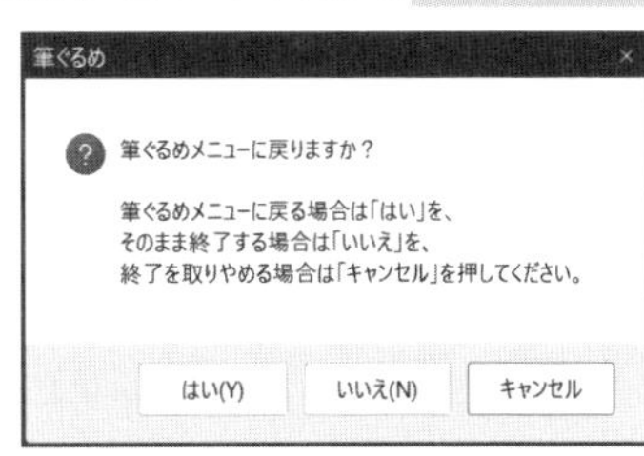

よく表示されるダイアログボックスにはどんなものがあるの？

よく表示されるダイアログボックスと、その対処方法を紹介します。

■ **ユーザーアカウント制御**

システムに対して重要な変更が行われる場合に表示されるメッセージです。ほとんどの場合、**「はい」**や**「続行」**を（左）クリックすればよいでしょう。

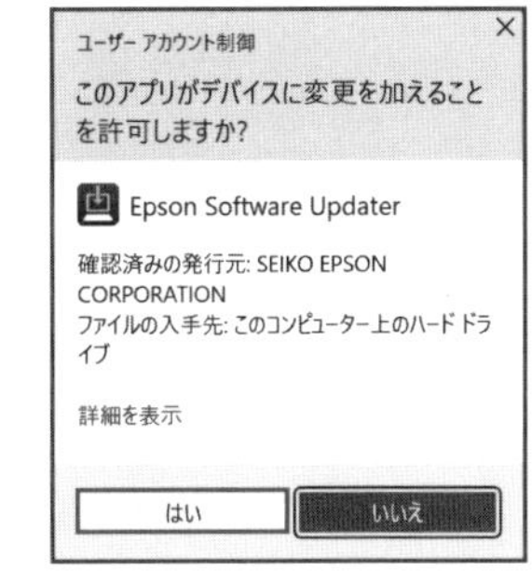

■ **ダウンロードのメッセージ**

アプリやファイルなどをインターネットからダウンロードする際に表示されるメッセージです。**「ファイルを開く」**を（左）クリックすると、ファイルが開くか、アプリのインストールが始まります。

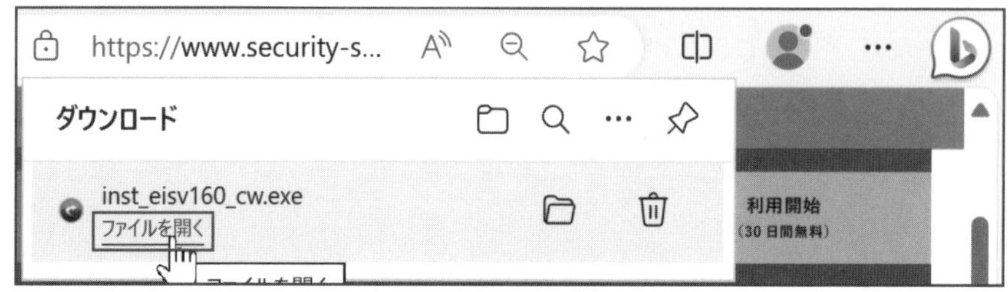

■ **通信のメッセージ**

インターネット接続が必要なアプリが、インターネットへの接続の許可を求めるメッセージです。アプリ名を確認し、接続を許可してよいと思われる場合は**「はい」**や**「許可する」**を（左）クリックします。

■ **アプリが閉じていません**

アプリを終了せずに電源を切ろうとした場合に表示されます。しばらく待つか、**「キャンセル」**を（左）クリックしてアプリを終了したのち、あらためて電源を切る操作を行います。

■ **セキュリティで保護されたページに接続しようとしています**

インターネットで、セキュリティで保護されているページに移動する際に表示されるメッセージです。セキュリティ上、安全ということですので、**何の心配もいりません**。

■ ○○が許可を求めています　通知の表示

アプリが、通知の表示を許可するよう求めているメッセージです。「許可」するとインターネットの閲覧中にわずらわしい通知が表示されるようになるので、**「ブロック」**がおすすめです。

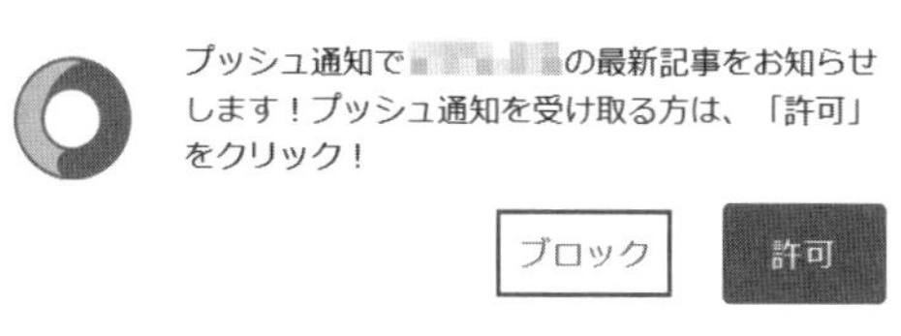

■ ○○が次のことを求めています

ブラウザなどのアプリが、安全のため、「現在地情報」や「マイク」「カメラ」へのアクセスを求めるメッセージです。通常は「許可」でよいのですが、アプリで**「現在地情報」や「カメラ」を使用したくない場合は、「ブロック」や「いいえ」**を選びます。

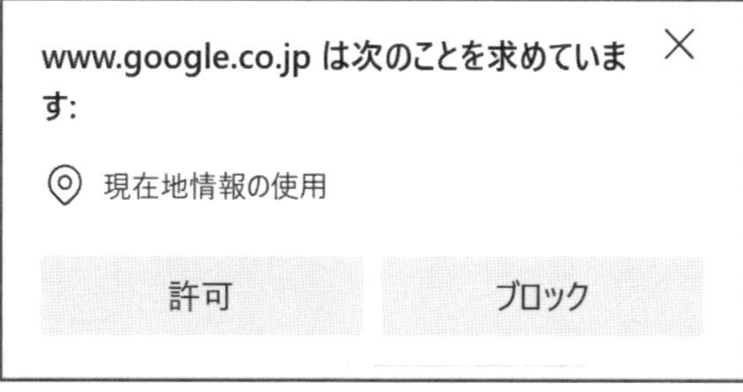

コラム

ダークパターンに注意しよう

メッセージの中には、通知の許可のように「ブロック」のボタンを小さくして、わかりにくくしているものがあります。定期購入や高額な送料などをわかりにくくしている場合があるので、だまされないように注意しましょう。

ダイアログボックスの表示内容をよく読んで、落ち着いて対処。過剰に不安に思う必要はない。

アプリの操作方法が複数あるのはなぜ？

そこに気がついたのは、脱初心者の証拠です！

アプリの操作方法が複数あることに気がついたら、それはもう、脱初心者の証拠です。パソコンには、1つのことを行うのに、いくつかの操作方法があります。これは、何らかの理由で**1つの操作ができなくなった時**に、残された別の操作を選べるようにしているからです。

例えば、コピー&貼り付けを行う場合、マウスの不具合などが原因でリボンのボタンを（左）クリックできなくなるかもしれません。そのような時にショートカットキーを使えば、マウスを使わずキーボードでコピー&貼り付けを行うことができます。反対にキーボードが壊れて使えない時は、マウスを使ってコピー&貼り付けの操作が可能です。このように**あらゆる可能性**を考えて、どんな時でも対処ができるように、複数の操作方法が用意されているのです。

アプリの操作方法には、次のような種類があります。

■ **マウスで（左）クリックする**

マウスを使ってボタンやタブを（左）クリックする、もっとも一般的な方法です。電話などで説明しやすいという利点もあります。

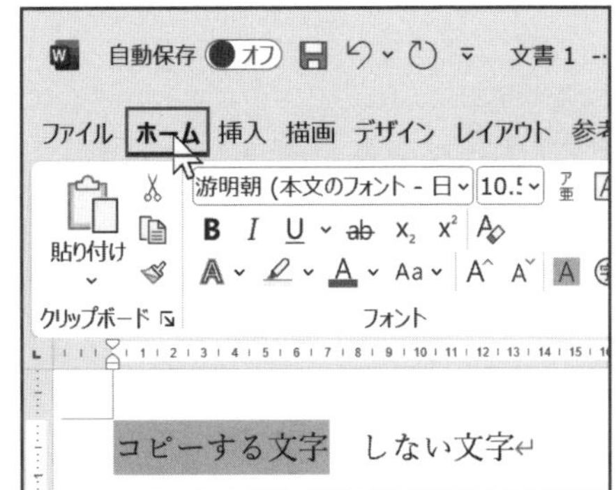

■ **キーボードでショートカットキーを利用する**

キーボードのキーを組み合わせて押す方法です。もっともすばやく操作できます。

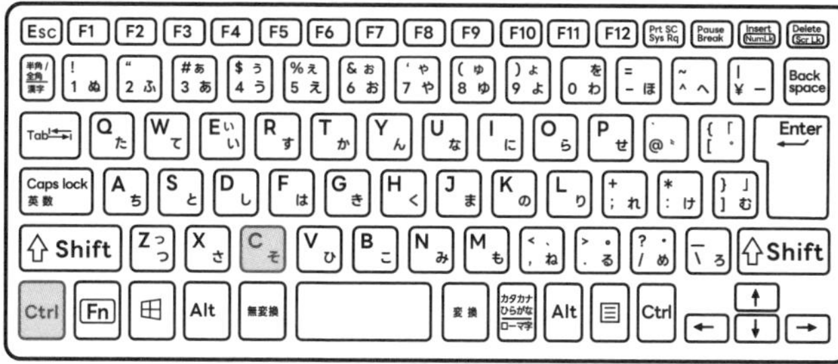

■ **マウスで右クリックする**

マウスを右クリックして表示されるメニューから操作を行う方法です。ボタンを何度もクリックする手間を省けるため、すばやく操作できます。同じメニューから、さまざまな操作を選択できるという利点もあります。

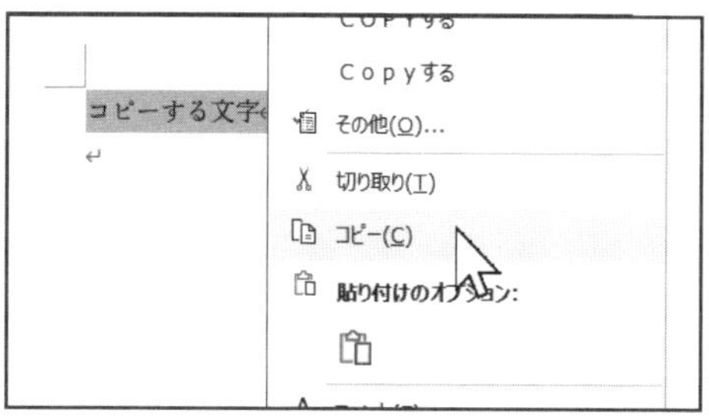

どの操作方法を選べばよいの？

基本的には好みの操作を選べばよいのですが、パソコン操作に慣れてきてもっとすばやく操作したいという場合は、**キーボードのショートカットキー**を使った方法がおすすめです。また、マウス操作の場合も、右クリックを使いこなせるようになるとすばやく操作できるようになります。

操作がいくつもあると混乱するという場合は、マウスを使った操作を中心に教えてみよう。

ワードやエクセルにも種類があるの？

ワードやエクセルには、アップグレードができない買い切り版と、サブスクのMicrosoft 365があります。

ワードやエクセルにも、**バージョン**があります（P20参照）。最新のワードは**2021**ですが、2019年に発売されたワード**2019**、2016年に発売されたワード**2016**などがあります。新しいバージョンの方が、機能が追加されて使いやすくなっていることが多いです。

バージョンによって操作方法がちがうため、書籍を購入したり詳しい人にやり方を聞いたりする場合のために、自分の使っているアプリのバージョンを知っておきましょう。ワードやエクセルのバージョンは、アプリを起動して「ファイル」→「アカウント」の順に（左）クリックして確認することができます。

製品情報

Office

Microsoft Office Home and Business 2021

この製品には以下が含まれます。

ずっと使い続けられる買い切り版のOffice

製品情報

Microsoft

@hotmail.com の サブスクリプション製品

Microsoft 365

この製品には以下が含まれます。

常に最新のOfficeを利用できる月額制のMicrosoft 365

手順①
ワードを起動し、「ファイル」タブを（左）クリックする❶。

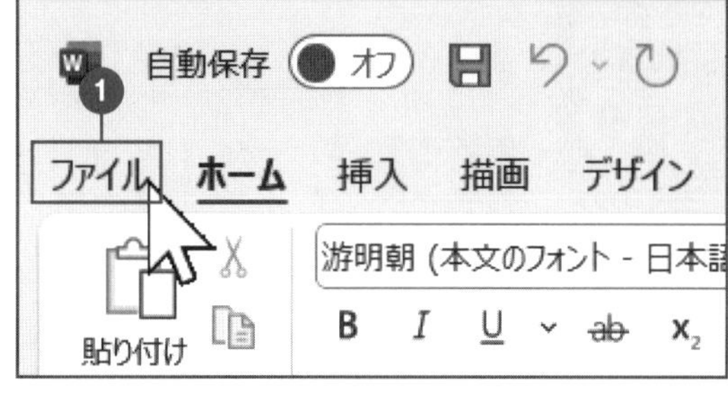

手順②
「アカウント」を（左）クリックすると、バージョンを確認できる❶。

Microsoft 365をおすすめされるんだけど…

ワードやエクセルには、**ライセンスの種類**によっても、いくつかの種類があります。パソコン購入時に最初から入っている**プリインストール版**は、買い切りで永年使えます。一方、**サブスクリプション版のMicrosoft 365**は、月額または年額で費用を支払うことで、常に最新のOfficeを利用できます。また、ブラウザ上で利用できる**クラウド版のOffice Online**もあります。Office Onlineは、機能は限定されていますが無料で利用できます。

ワードやエクセルには、バージョンの他、ライセンスの種類、クラウド版がある。

アプリ
10
パソコンで動画を編集したいんだけど？

パソコンのビデオエディターを使えば、動画編集ができます。

Windows 11で動画編集をするには、「ビデオエディター」を起動します。「ビデオエディター」を起動すると、高機能で一部有料の「Clipchamp」または旧製品の「フォトレガシ」の選択画面が表示されます。ここでは、「Clipchamp」を使った方法を紹介します。

Windows11で動画を編集する

手順❶

「ビデオエディター」または「Microsoft Clipchamp」を起動する。はじめて起動する場合は、「個人用」を（左）クリックする。

手順❷

「新しいビデオを作成」を（左）クリックする❶。

手順 ③
「メディアのインポート」から動画を読み込み❶、下部の編集領域にドラッグする❷。最後に「ビデオの完了」を（左）クリックする。

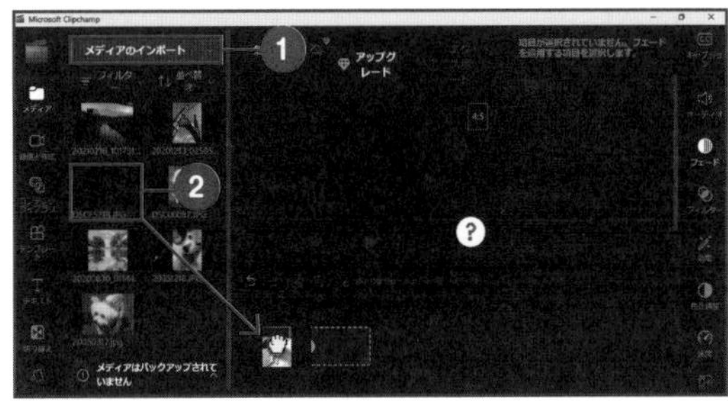

DVDへの書き込みができるアプリ

ビデオエディターを使えば、DVDへの書き込みもできる？

ビデオエディターでは、**DVDへの書き込みができません**。DVDへの書き込みも含めて動画編集をしたい場合は「PowerDirector（パワーディレクター）」や「Corel Digital Studio（コーレルデジタルスタジオ）」、「Wondershare Filmora（ワンダーシェアフィモーラ）」といった動画編集アプリを利用します。パソコンに最初から入っている場合もありますが、入っていない場合はあとから購入し、インストールして利用します。いずれも体験版が用意されているので、購入前に使い勝手を確認することができます。動画の再生については、P164をご覧ください。

おすすめの動画編集アプリ「Wondershare Filmora」

DVDを再生できない場合

DVDに書き込んだ動画が再生できない！

パソコンで作成した動画を書き込んだDVDが家庭用のDVDプレイヤーで再生できない場合は、保存の方法がまちがっていることが多いです。具体的には、次のような理由が考えられます。

- DVDプレイヤーで利用できる形式（マスタ形式）で動画を保存していない（P156参照）
- 動画ファイルがDVD-Video形式になっていない
- ファイナライズ（クロージング・閉じておくこと）をしていない

家庭用のDVDプレイヤーで再生できるDVDを作る場合は、「PowerDirector」や「Wondershare Filmora」といったアプリを使うのがおすすめです。たいていの家庭用DVDプレイヤーで再生可能なDVDを作ることができます。

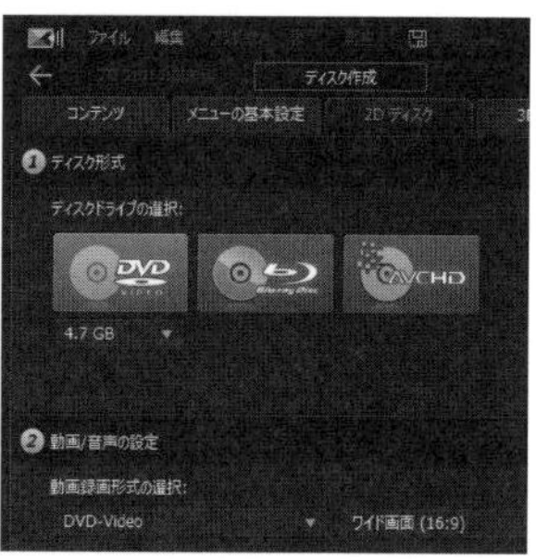

PowerDirectorのDVD書き込み画面

Wondershare FilmoraのDVD書き込み画面

コラム

写真を編集する

写真の加工や編集は、「フォト」を使って行うことができます。より高機能の編集をしたい場合は、フォトで「画像の編集」を選択します。

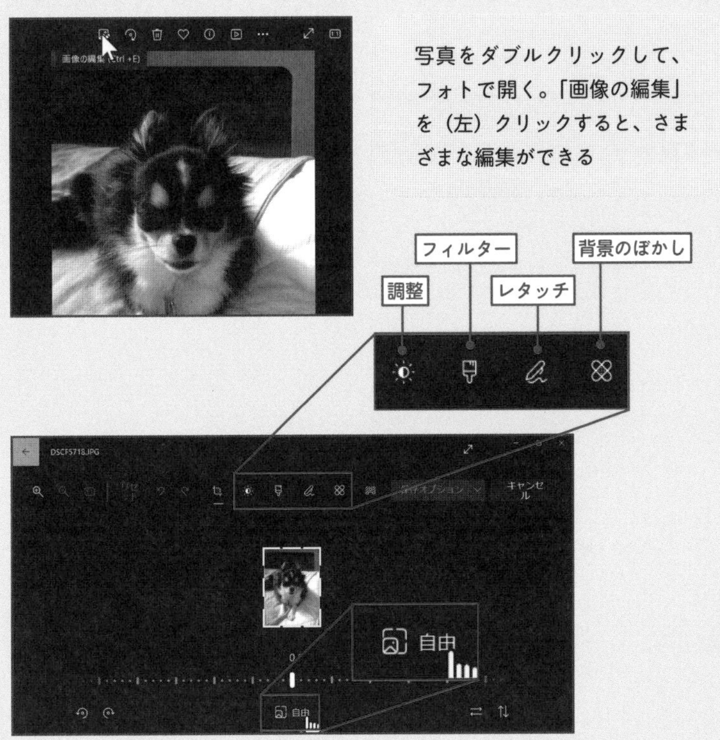

写真をダブルクリックして、フォトで開く。「画像の編集」を（左）クリックすると、さまざまな編集ができる

編集画面では写真のトリミングができる。「自由」を（左）クリックすると、サイズを選択できる

SNS の投稿に便利な Canva

SNS での投稿用に画像を加工したり絵を描くためのアプリは、Adobe Express や Canva などが有名です。Store アプリからインストールできます。どちらもアカウントの登録（P226）が必要です。

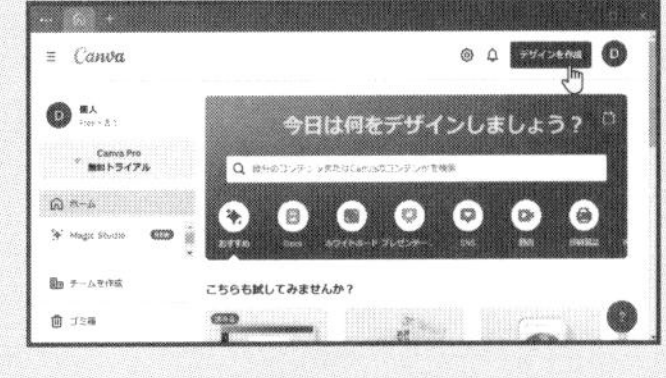

アプリ

11 常駐ソフトって何ですか？

常駐ソフトとは、パソコンの起動と同時に動き出すアプリのことです。

常駐ソフトとは、パソコンの起動と同時に立ち上がり、実行されるアプリのことです。**スタートアップ**とも言います（P47参照）。画面右下の通知領域を見ると、常駐ソフトのアイコンが表示されています。パソコンの起動と同時に実行されるため、便利な反面、常駐ソフトの数が多すぎると、パソコンの動作が遅くなる原因にもなります。通知領域の**＾**を（左）クリックすると、隠れていたアイコンが出てきます。アイコンがたくさん表示されれば、それだけ常駐ソフトが多いということです。主な常駐ソフトには、以下のようなものがあります。

■ **セキュリティ対策**

ESET インターネット セキュリティ、ウイルスバスター、マカフィー、ZERO ウイルスセキュリティ　など

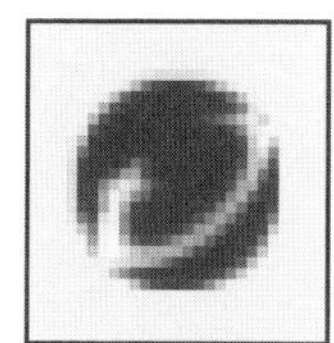

■ **プリンタ関連**

My EPSON、Canon マイプリンタ　など

■ **ユーティリティ関連**

OneDrive、Google Drive、OneNote　など

常駐ソフトを止める方法

常駐ソフトを止める方法はあるの？

常駐ソフトを止めるには、**①アプリを削除する（P70参照）**か**②自動起動の停止**を行います。自動起動を停止したい場合は、次の操作を行います。アプリによって操作方法が変わることがあるため、アイコンや項目をよく見て判断してください。

手順 1

不要な常駐ソフトのアイコンを右クリックする❶。「環境設定」または「設定」「プロパティ」を（左）クリックする❷。アイコンが表示されていない場合は、通知領域の^を（左）クリックしてアイコンを表示させる。

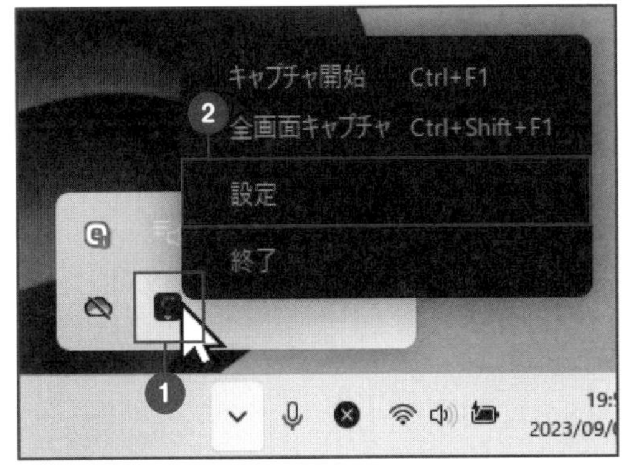

手順 2

以下のような項目のチェックを外す❶。

- コンピュータの起動時に自動実行する
- ログオン時に自動的に起動する
- Windows起動時にソフトウェアを起動する

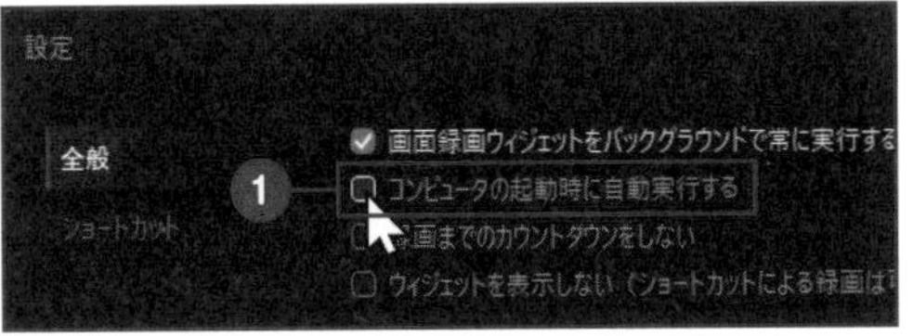

不要な常駐ソフトの自動起動を止めておくと、パソコンの動作が速くなります！

アプリ

12 プログラミングって何？プログラムは自分で作れる？

アプリやサービスを使えば、誰でもプログラムが作れます。

プログラミングとは、パソコンに指示を与えるプログラムを作成することです。プログラムを実行すると、パソコンがその指示通りに動いてくれます。現在では、小学校の授業でも必須になっています。プログラミングを行うには、プログラミング言語の学習が必要です。Python（パイソン）やJavaScript（ジャバスクリプト）、Java（ジャバ）などがあります。
また、プログラミング言語を覚えなくても、専用のアプリやサービスを利用してプログラミングを体験することができます。Scratch（スクラッチ）が有名で、かんたんなアプリやゲームを作ることができます。プログラミングを習得することで、パソコンがどのように動いているかを知ることができます。

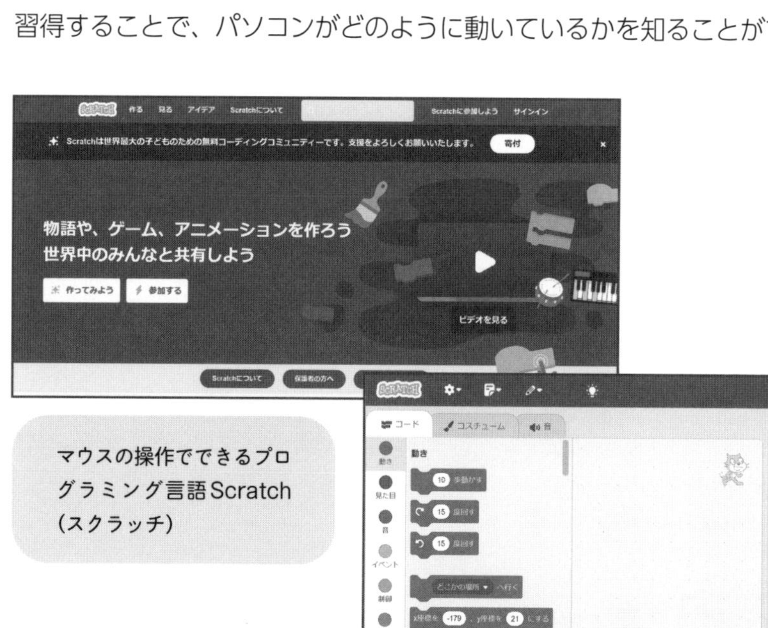

マウスの操作でできるプログラミング言語Scratch（スクラッチ）

プログラミングのやり方

具体的には、どんな風にやるの？

初心者向けのScratchを例に、プログラミングのやり方を説明します。

手順①
Scratchのホームページ（https://scratch.mit.edu/）にアクセスし❶、「作る」を（左）クリックする❷。

手順②
「動き」や「見た目」から、猫（スプライト）に与えたい命令をドラッグする❶。

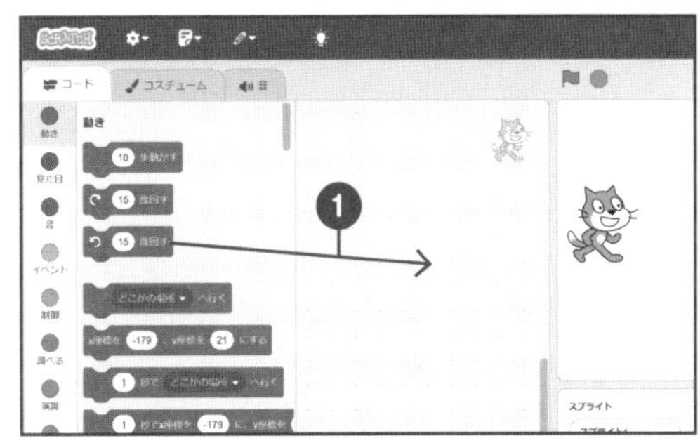

手順③
動きや音をパズルのように組み合わせることで、猫（スプライト）に複雑な動きを与えられる❶。

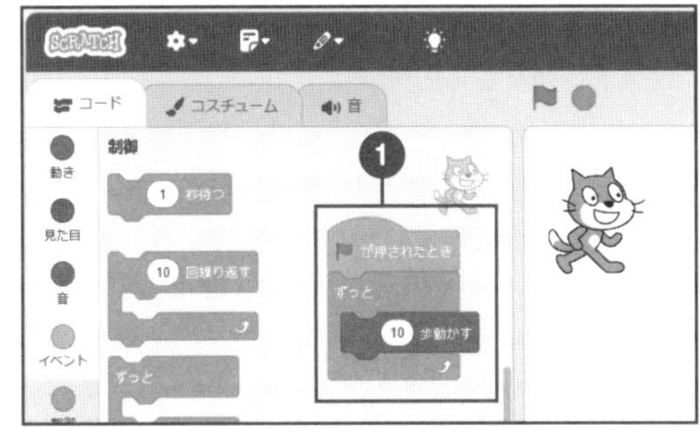

プログラミングを覚えれば、パソコンがどのように動いているかを理解できる。

コラム

デジタル機器の健康被害

パソコンをはじめとするデジタル機器は、私たちの生活に浸透し、もはやなくてはならないものになっています。しかし、デジタル機器の歴史はまだ浅く、さまざまな問題を抱えていることも確かです。その1つが、健康被害です。

眼精疲労

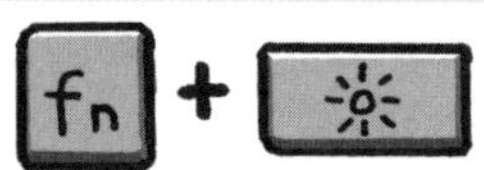

パソコンやスマートフォンは、テレビよりも眼との間の距離が近く、凝視する時間も長いため、知らないうちに眼を酷使しています。1時間に1回くらいは、休憩をとるのが理想的です。また、画面と部屋の明るさが極端にちがうと、目が疲れやすくなります。Fnキーを押しながら「太陽のマーク」が描かれたキーを押すことで、画面の明るさを調整できます。眼の疲れの原因と考えられるブルーライトをカットする保護フィルムや眼鏡もおすすめです。

腱鞘炎

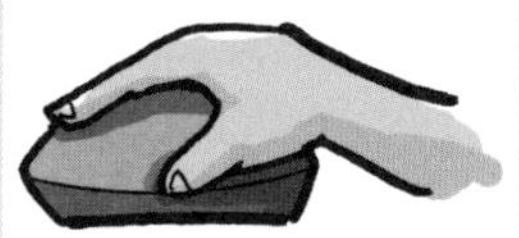

マウスやキーボードを長時間使い続けると、同じ筋肉や筋を酷使することになり、腱鞘炎になってしまうこともあります。定期的に手を休めたり、自分にあった大きさのマウスやキーボードを探しましょう。

肩こり・腰痛

同じ姿勢を続けるのも、身体の負担になります。たまに身体を動かしたり、腰痛防止用の椅子などを使いましょう。

依存症

パソコンやスマートフォンは、ゲームのような娯楽としての面もあります。それなしではいられないような依存症を引き起こすこともあるので、適度な距離を保つことが大切です。

第 3 章

文字入力の「困った！」「わからない！」に答える

パソコンでは、文字の入力時に困ることがたくさんあります。また、入力をすばやく行うコツや、全角と半角のちがい、日本語入力を担当している言語バーなど、知っておくと役に立つ知識があります。本章では、これら文字入力時のポイントに的を絞って解説します。また、言語バーを含むタスクバーのトラブルの対処方法も合わせて解説しています。

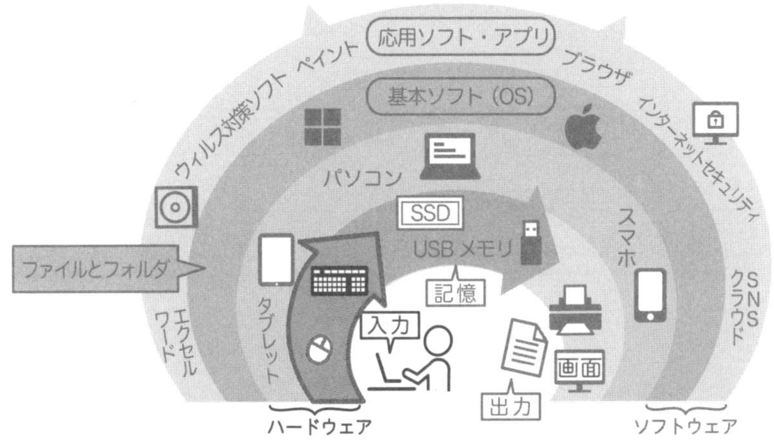

キーに書いてある文字の見方がわからない！

文字キー、数字キー、記号キーのそれぞれの見方を覚えよう。

キーボードにはたくさんのキーがあります。最初に**よく使う文字のキーを覚えて**、それから句読点（、。・）というように、少しずつ覚えていきましょう。キーの中にはほとんど使わないものもあるので、すべてのキーを覚える必要はありません。

まずは、キーに書いてある文字の見方を覚えましょう。1つのキーには、最大で4つの文字が書かれています。かなが書かれた文字キーの**左上には、アルファベットの文字**が書かれています。英語入力モードで文字キーを押すと、左上のアルファベットの小文字が入力できます。英語入力モードで Shift キーを押しながら文字キーを押すと、左上のアルファベットの大文字が入力されます。キーの右下のひらがなは、ローマ字入力の場合は不要で、かな入力の時だけ使います。「+」や「;」などの記号の入力方法は、次ページの図を参照してください。

一般的なノートパソコンやデスクトップパソコンのキーボード。右側に、数字が並んだ「テンキー」がある

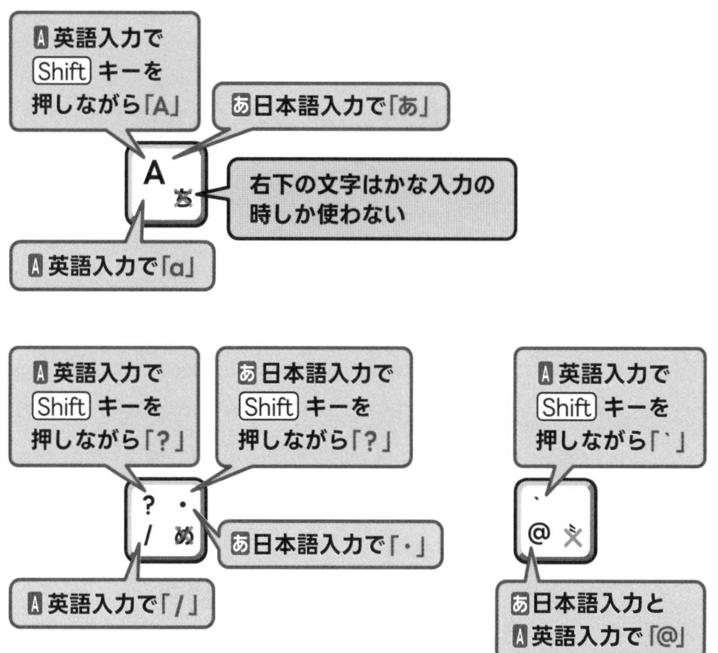

よく使う補助的なキー

Shift キーや Alt キーは、どうやって使うの？

キーの中には、他のキーと組み合わせて使う、補助的なキーがあります。それが、Shift キー、Alt キー、Ctrl キー、Fn キーです。文字キーと同時に押すことで、さまざまな操作を行うことができます。例えば Ctrl キーと A キーを同時に押すと「すべて選択」、Ctrl キーと C キーを同時に押すと「コピー」の操作が行えます。また、Shift キーを押しながら記号の書かれたキーを押すと、その記号が入力されます。Shift キーと Caps lock キーを同時に押すと、**英字を常に大文字入力にする、キャプスロック状態**になります。

キーはすべて覚える必要はなく、よく使うものから覚えていくとよい。

文字入力

02 文字入力を速くできるようになるには？

キーを見ないで入力する、タッチタイピングをマスターしよう。

パソコン初心者の方の多くが手こずるのが、文字の入力です。キーボード上で文字キーがバラバラに並んでいるため、入力したい文字を探すのがたいへんです。そこでまずは、50音の基本**AIUEOの位置を確実に覚えましょう**。「あいうえお」を覚えたら、次はKの位置を覚えるだけで、10文字「あいうえおかきくけこ」が入力できるようになります。そのあとは、順にS、T、N…と順々に覚えていけば、50音の入力をマスターできます。また、ローマ字入力の「ぎゃ、ぎゅ、ぎょ」などは、よく使うものを覚えておくと文字入力が速くなります。

文字入力の練習には、メモ帳やワードを使って、**ひたすら「あいうえお…」と入力する**のが一番です。繰り返し練習することで、正しい指、正しい位置で覚えることができます。市販のタイピング練習ソフトもありますが、ある程度スムーズに入力できるようになってから使った方が、ヘンなクセがつかずに正しい入力ができるようになります。

あいうえおあいうえおあいうえおあいうえお
ファイル　編集　表示
あいうえおあいうえおあいうえおあいうえおあいうえおあいうえおあいうえおあいうえおあいうえお
行 1、列 1　100%　Windows (CRLF)　UTF-8

「スタート」→「すべてのアプリ」→「メモ帳」または「マイクロソフトワード」を（左）クリックして、「あいうえお」の練習

タッチタイピング

キーボードを見ないで入力している人がいるけど、超能力ですか？

超能力を使わなくても、キーボードを見ずに入力することは可能です。キーボードの文字を見ずに入力することを、タッチタイピングと言います。タッチタイピングは、中央にある**「F」キーと「J」キーの突起に人差し指**を置き、ここを起点として入力する方法です。この起点となる指を置く位置のことを、ホームポジションと言います。

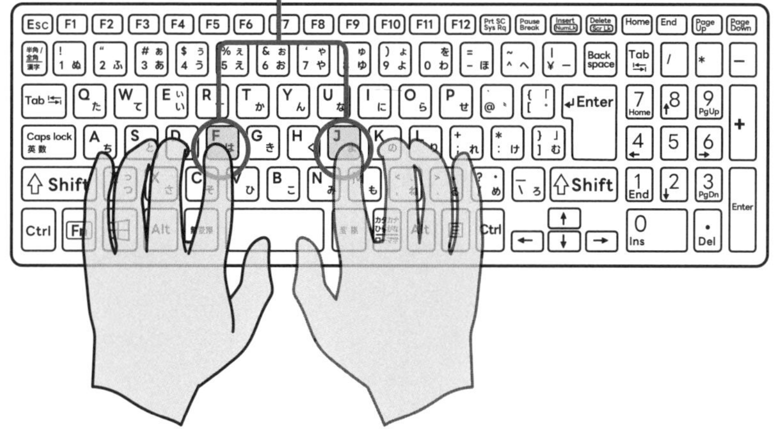

コラム

ある程度、キーの位置がつかめたら、タイピング練習サービスの利用もおすすめです。インターネットで検索をすると、いくつかのサービスが見つかります。特に、イータイピングはおすすめです。採点や苦手なキーを教えてくれます。

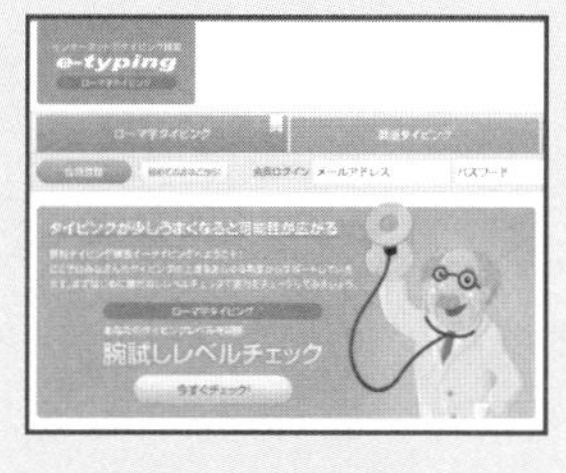

タイピング練習ソフトよりも、地道な「あいうえお」の入力の繰り返しで速く入力できるようになろう！

半角と全角って何がちがうの？

同じ文字にも、幅のちがいによって半角と全角があります。

パソコンで入力する文字には、半角と全角の2種類があります。**横幅が広い文字が全角、狭い文字が半角です**。英字や数字、かなには、同じ文字でも半角と全角の2種類があり、使い分けが必要な場合があります。

インターネットなどで買い物の注文や申し込みを行う際**「半角で入力してください」「半角数字」**のように指示される場合があります。このような場合は、数字やメールアドレスを半角で入力しなければなりません。

携帯電話番号

半角数字、ハイフンなし

もともと、パソコンでは英語の文字しか利用できませんでした。**英語の文字は形がシンプルなため、データの最小単位である1バイトで表現できました**(P30参照)。これが半角文字で、世界中で使用できます。しかし、日本や中国で使われる漢字や韓国のハングルは**英語の文字より複雑で、1バイトでは作ることができず、2バイト使う必要があり**ました。これが全角文字です。メールアドレスのように世界中で使うものは、半角の英字なら理解してもらえますが、全角で入力してしまうと外国のパソコンは理解できず、文字化けの原因になります。

半角と全角の使い分け

どういう時にどちらを使えばいいの？

文書を作成する場合、半角と全角のどちらを使うかは好みの問題になります。とはいえ、ひらがなやカタカナは全角、数字や英字は半角を使うことが一般的です。一方、先ほどのインターネットでの申し込みのように、**どちらで入力するかの指示がある**場合もあります。注意書きや入力例をよく見て、正しい方を入力しましょう。

申請書ID ※必須

交付申請書に記載の申請書ID(半角数字23桁)を入力してください。

申請書IDに誤りがあると正しくカードが発行されませんので、お間違いのないよう入力してください。

※交付申請書のQRコードからアクセスされた場合は入力不要です。

例)1234 5678 9012 3456 7890 123

※入力した値は「●」で表示されます。

送信するメールの宛名に使用しますので、お名前(JIS第一水準漢字及びJIS第二水準漢字)を全半角50文字以内で入力してください。

メール連絡用氏名 ※必須

送信するメールの宛名に使用しますので、お名前(JIS第一水準漢字及びJIS第二水準漢字)を全半角50文字以内で入力してください。

※同一メールアドレスを用いて複数の申請を行う場合は、メール連絡時に誰の申請かを区別できるお名前を入力してください。

例)番号太郎

メールアドレス ※必須

連絡のつくメールアドレス(半角英数字100文字以内)を入力して

半角英数字100文字以内

例)bangou-tarou@example.co.jp

また、「@mail.net.kojinbango-card.go.jp」からのメールが受信できるよう、ドメイン指定受信などのメールフィルタ設定を行ってください。

確認のため、もう一度入力してください。

全角、半角のちがいは文字の幅。インターネットでの申し込みの際は、入力例をよく見て入力しよう。

文字入力

04 音声では入力できないの？

パソコンでも音声入力が可能です。

最近はスマートフォンで音声入力をすることが増えてきましたが、音声入力はパソコンでも可能です。多くのノートパソコンには標準でマイク機能が搭載されているので、Windows 11や最新のマイクロソフトワードを使えば、パソコンで音声入力をすることができます。音声入力をするには⊞＋Hキーを押して、「音声入力」ツールを起動するか、ワードで「ディクテーション」を（左）クリックし、パソコンに向かって話しかけます。

マイクロソフトワードの「音声入力」ツール

音声入力を使って、検索や調べものをしたり、パソコンを操作したりすることもできます。文字入力が苦手な方は、音声入力を活用してみましょう。

Edgeでは、検索窓の横にあるマイクマークを（左）クリックすることで音声を使った検索ができる

キーボードを使った文字入力が苦手な人には、音声入力がおすすめ。

「ヴ」や「っ」はどうやって入力するの？

日本語入力で「V」「U」と入力すると「ヴ」、「l」「T」「U」で「っ」が入力できます。

「ヴ」や「っ」は、外来語を入力する際によく必要になる文字です。**「ヴ」はVU、「っ」はlTU**で入力できます。「L」を最初に入力することで、小さい文字を入力することができます。

L A →「ぁ」　L TU →「っ」

L I →「ぃ」　L YU →「ゅ」

キーボードに書かれている文字を探しても見つからなかった記号は、**読みを入力して変換**すれば入力することができます。例えば、ゆうびん→〒、まる→〇、おなじ→々のように変換して入力できます。読みがわからない場合は「きごう」と入力して変換すると、変換候補に記号の一覧が表示されます。

きごう
Tab キーを押して選択します
1 記号
2 †
3 きごう
4 ※

「ヴ」や小さな「っ」の入力方法を覚えておこう。記号は、読みか「きごう」と入力して変換できる。

テンキーが使えなくなった！

NumLock(ナムロック)がオフになっていると、テンキーが使えません。

キーボードの右側に並ぶ数字のキーのことを、テンキーと呼びます。数字をすばやく入力する際に便利ですが、テンキーはNumLock（ナムロック）がオンになっていないと使えません。NumLockをオンにするには、NumLockキーを押すか、Fn（ファンクション）キーとNumLockキーを一緒に押します。

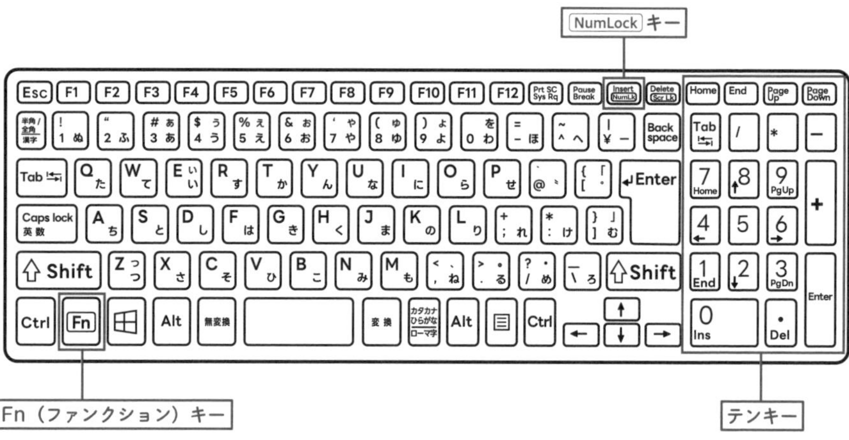

テンキーのないノートパソコンでは、キーの右側に数字の入った文字キーを、テンキーの代わりとして使うことができます。知らないうちにNumLockがオンになった状態でiキーやoキーを押した時に、5や6が入力されてしまい、びっくりすることがあります。NumLockをオフにすれば、通常通り使えます。

特殊な役割のキー

音量や無線機能を切り替えるスイッチはどこにあるの？

以前はパソコン本体に音量や無線機能を切り替える専用のスイッチがついていましたが、今では**キーボードに組み込まれて**しまいました。文字キーの上にある数字キーを見ると、音量や明るさ、無線のマークなどが書かれています。これらは、Fn キーと一緒に押すことで利用できる機能です。例えば Fn キーと音量マークを同時に押すと、音量が大きくなります。

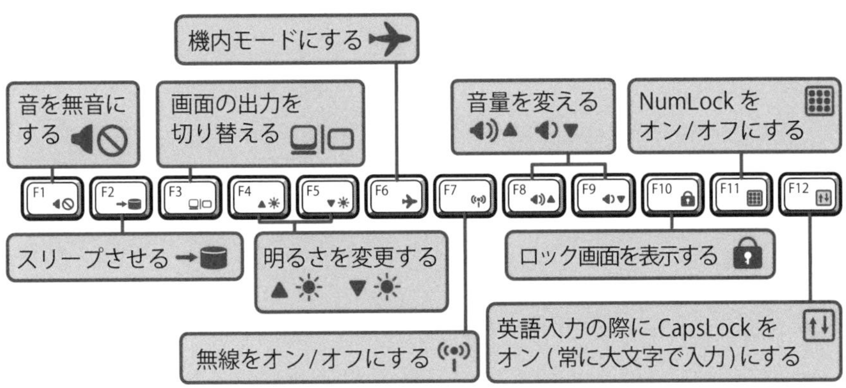

パソコンから音が出ません！

パソコンの音は「本体の音量×Windowsの音量×再生ソフトの音量」で決まります。どれか1つでもミュート（無音）になっていると、音は聞こえません（P164）。

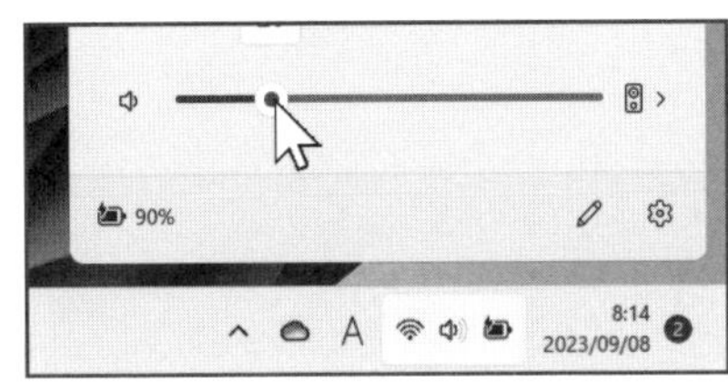

キーボードの中には特殊な使い方をするキー、NumLock や Fn キーがある。

パソコン
アプリ
文字入力
ファイルとフォルダー
周辺機器
インターネット
セキュリティ

予測変換って何？

文字を入力した時に入力候補の単語が表示されるのが、予測変換の機能です。

文字を入力すると、次に入力する内容の候補が表示される場合があります。これは**予測変換**と言い、これまでの入力履歴やよく使われる単語から、次に入力する内容の候補を表示してくれる機能です。これは文字を入力しづらいスマートフォンで使われてきた機能ですが、パソコンでも利用することができます。候補の中に入力したい内容が見つからない場合は、もう一度スペースキーを押して、通常の変換候補を表示させましょう。

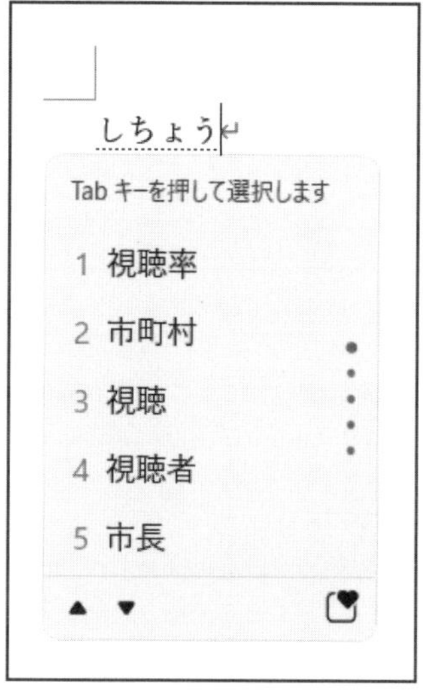

予測変換の候補

通常の変換の候補

入力履歴の消去

入力履歴を消すことはできるの？

予測変換に利用される入力履歴は、かんたんに削除できます。予測変換に表示される内容があまり適切でないと感じる場合は、いったん消去してみるとよいでしょう。

手順①
通知領域の「A」または「あ」を右クリックし❶、「設定」を（左）クリックする❷。

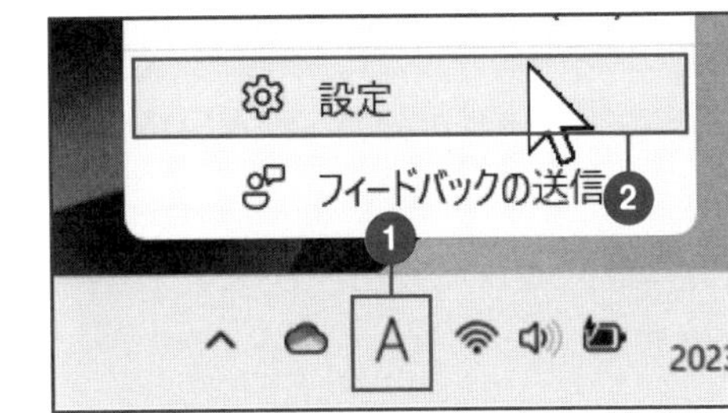

手順②
「学習と辞書」を（左）クリックする❶。

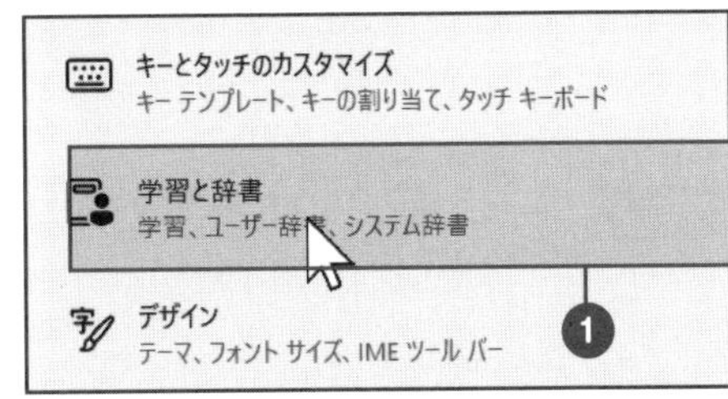

手順③
「入力履歴の消去」を（左）クリックする❶。

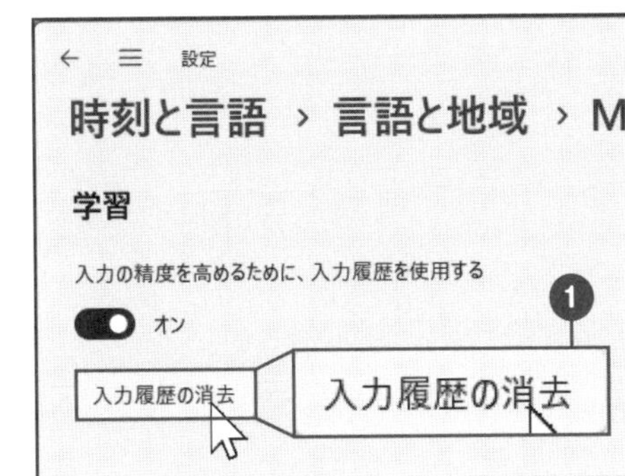

文字入力を効率化するための予測変換について知っておこう！

入力に便利な単語登録の方法を教えて！

住所やメールアドレスのように覚えにくい文字列は、単語登録しておくと便利です。

住所やメールアドレスなど、覚えておくのがたいへんで、いちいち住所録などを見て確認しなければならない文字列があります。また、固有名詞や人の名前など、変換がうまくいかないものも多くあります。こうした文字列をあらかじめ登録しておき、**かんたんに変換できるようにするのが単語登録**です。「よみ」として登録した文字を入力して変換すると、登録した単語が候補の中に現れます。よく使う単語を登録しておくことで、入力の効率がUPします。ただし、パスワードなどを登録すると誰でも入力できてしまうので、控えましょう。次の方法で、単語登録をすることができます。

手順①

画面右下の「A」または「あ」を右クリックし❶、「単語の追加」を（左）クリックする❷。

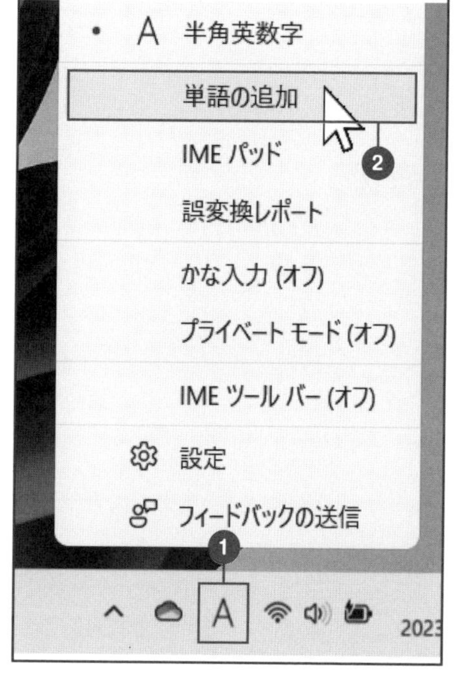

Software Design も電子版で読める！

電子版定期購読が お得に楽しめる!

くわしくは、
「**Gihyo Digital Publishing**」
のトップページをご覧ください。

電子書籍をプレゼントしよう!

Gihyo Digital Publishing でお買い求めいただける特定の商品と引き替えが可能な、ギフトコードをご購入いただけるようになりました。おすすめの電子書籍や電子雑誌を贈ってみませんか?

こんなシーンで…

- ご入学のお祝いに
- 新社会人への贈り物に
- イベントやコンテストのプレゼントに ………

ギフトコードとは? Gihyo Digital Publishing で販売している商品と引き替えできるクーポンコードです。コードと商品は一対一で結びつけられています。

くわしい**ご利用方法**は、「**Gihyo Digital Publishing**」をご覧ください。

トのインストールが必要となります。
刷を行うことができます。法人・学校での一括購入においても、利用者１人につき１アカウントが必要となり、

への譲渡、共有はすべて著作権法および規約違反です。

手順 ❷
「単語の登録」画面が表示される。「単語」に登録したい単語を❶、「よみ」に単語の読みを入力する❷。

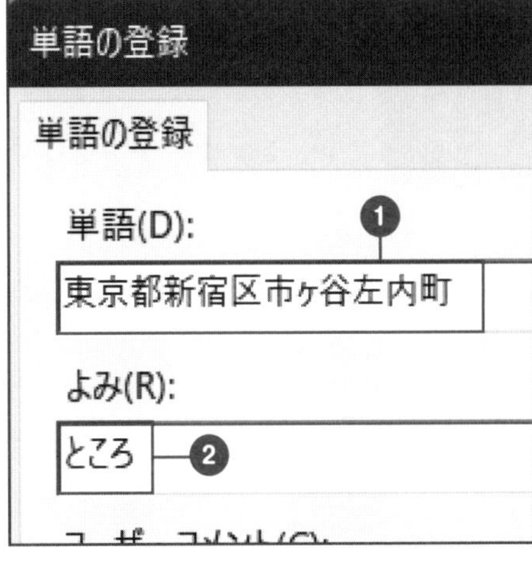

手順 ❸
「登録」を（左）クリックする❶。

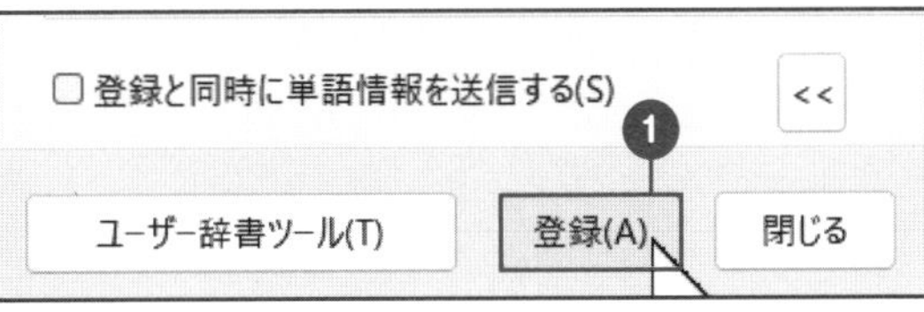

手順 ❹
登録した読みを入力して変換すると❶、登録した単語が表示される❷。

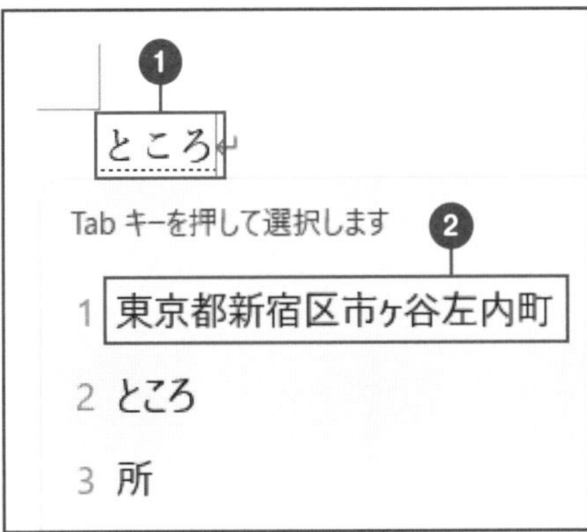

もっともよく使う単語は、数字に割り当ててしまう方法も効果的です。例えば「よみ」に「1」と入力し、変換したらメールアドレス。「よみ」に「2」と入力し、変換したら住所が表示されるようにすると便利です。

単語登録は、入力が苦手な人ほど便利な機能。しっかりマスターしよう！

文字入力

09 キーボードは、なぜちゃんと並んでいないの？

キーボードの配列は、英文タイプライターで使われていたものだからです。

キーボードの文字の並びを見ると、不規則に並んでいるように思われます。なぜ、アルファベット順に並んでいないのでしょうか？　それには、いろいろな説があります。パソコンのキーボードは、英文タイプライターで使われていた文字の並びになっています。タイプライターの複雑な構造のため、よく使うキーがぶつかり合わないようにしたという説、よく使うキーを中央に集めたという説、位置を覚えるよりも左右の手で打ちやすい設計にしたという説などが有力です。

ひらがなのキーも、あいうえお順に並んでいないわね？

日本語キーボードには、キーにかなが書かれています。キーに書かれているひらがなを使った入力方式を、かな入力と呼びます。かな入力では、「か」と書かれたキーを押すと、「か」と入力されます。一方、キーに書かれている英字を使った入力方式を、ローマ字入力と呼びます。「K」「A」と書かれたキーを押すと、「か」と入力されます。かなが書かれたキーもあいうえお順に並んでいませんが、これも英語のキーと同じようにタイプライターからの影響です。和文タイプライターで使われていた配置が、そのまま使われるようになりました。

キーボードの種類

キーボードにも、種類があるの？

キーボードの種類は、キーの並びによって大きく**日本語配列（JIS配列）と英語配列（US配列）**に分けることができます。英字キーの配列はどちらのキーボードも同じですが、それ以外の記号の一部が、異なる配列になっています。例えば日本語配列のキーボードには「半角／全角」「無変換」「変換」「カタカナ/ひらがな」のキーがありますが、英語配列のキーボードにはありません。また、「@」や「：」といった一部の記号のキーも、配置が異なります。

キーボードで@キーを押して「[」と入力されてしまったり、「半角/全角」キーで入力の切り替えができなくなったりしたら、それはキーボードの入力方法が英語配列に変わってしまったことが原因です。キーボードのドライバ（P150）をいったん削除することで、元に戻ることがあります。

コラム

キーボードにコーヒーをかけてしまったら…

キーボードにコーヒーをかけてしまった時は、デスクトップパソコンであればキーボードを交換すればすみますが、ノートパソコンの場合は致命傷になるかもしれません。最近のノートパソコンはバスタブ構造といって、内側に水などが進入しない構造になっています。とは言え、液体は電気を通すので、ショートして修理が必要になるかもしれません。パソコンの近くで飲み物を飲む時は、こぼさないようくれぐれも注意しましょう。**キーボードカバーを使用するのもおすすめ**です。

キーボードにはいろいろな種類がある。自分の使っているキーボードの種類を確認しよう。

顔文字や絵文字はどうやって入力するの？

「ふね」や「ひこうき」と入力し、変換することで絵文字を選ぶことができます。

顔文字や絵文字は、漢字や記号と同じように、読みを入力することで変換候補に現れます。顔文字の場合は、**「かお」と入力して、変換**してみてください。また、インターネット上には顔文字や絵文字を紹介するウェブサイトもあります。これらのサイトからコピーして貼り付ければ、かんたんに絵文字を使うことができます。

  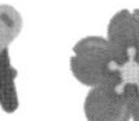      

絵文字を使う時の注意

絵文字の変換候補の横に、「機種依存」と書かれているものがあります。これは、**メールなどで他の環境に送る際に文字化けする**可能性があるものです。最近ではかなり少なくなりましたが、Macや iPhoneに送る際など、文字化けすることもあるので使わないようにしましょう。

顔文字や絵文字はイメージが伝わりやすいが、メールでの利用は控えよう。

第 4 章

ファイルとフォルダーの「困った！」「わからない！」に答える

ファイルとフォルダーは、パソコンの操作でもっともつまずく部分です。パソコンを使えている人でも、よく理解できていなかったりする場合もあります。そこで本章では、ファイルとフォルダーの疑問について丁寧に解説していきます。ファイルの種類や、フォルダーの上手な取り扱い方法、ローカルディスクや圧縮、解凍などにも触れています。

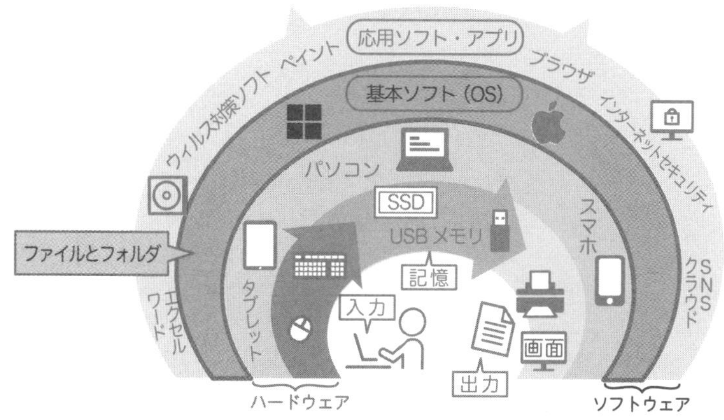

ファイル・フォルダー

01

ファイルとか フォルダーって何ですか？

ファイルはアプリで作成された文書や写真のデータ。それを整理するための入れ物が、フォルダーです。

パソコンの中には、大きく分けて**ファイルとフォルダーとアプリの3種類**が存在しています。ファイルやフォルダーは、友人や仕事相手との間で受け渡しができますが、アプリはできません。ファイル、フォルダー、アプリはいずれもアイコンという形で表現され、ダブルクリックして開くことができます。

■ **ファイルのアイコン**

ダブルクリックすると、ファイルの内容が表示されます。この時、ファイルと関連づけられたアプリが起動します。

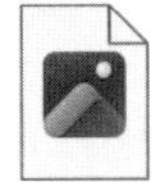

■ **フォルダーのアイコン**

ダブルクリックすると、フォルダーの中身が表示されます。フォルダーの中には、ファイルやアプリが入っています。

■ **アプリのアイコン**

ダブルクリックすると、アプリが起動し、利用できます。

ファイルとデータの関係

ファイルとデータって何がちがうんですか？

「データ」という言葉は、一般的に「ファイル」のことを意味しています。「データはどこにあるの？」は「ファイルはどこにあるの？」と同じ意味になります。ただし、データは広い意味で「情報」と言い換えることもできます。アプリもフォルダーも、広い意味ではデータになります。

ドキュメントとかOneDriveって何？

Windowsには、あらかじめいくつかのフォルダーが用意されています。例えば、作成した文書を入れておく「ドキュメント」フォルダー、写真を入れておくための「ピクチャ」フォルダー、音楽を入れておくための「ミュージック」フォルダーなどです。
他にも、インターネットからダウンロードしたファイルが保存される「ダウンロード」フォルダー、社内でファイルを共有するための「パブリックのドキュメント」フォルダーなどがあります。また、**「OneDrive」（ワンドライブ）**というフォルダーに入れた文書や写真は、共通のMicrosoftアカウントを使って、別のパソコンやスマートフォンとの間で共有することができます。

「ドキュメント」フォルダーの本当の場所

「ドキュメント」ってどこにあるんですか？

「ドキュメント」フォルダーは、タスクバーの「エクスプローラー」から開くことができます。しかし、場合によってはこの方法では開けないことがあります。その場合は、**「ドキュメント」の本当の場所**を知っている必要があります。いざという時のために、覚えておきましょう。

手順①
「エクスプローラー」を左クリックする❶。

手順②
「ローカルディスク（C:)」または「ボリューム（C:)」の > を（左）クリックする❶。末尾の(C:) やWindowsのロゴマークが目印になる。

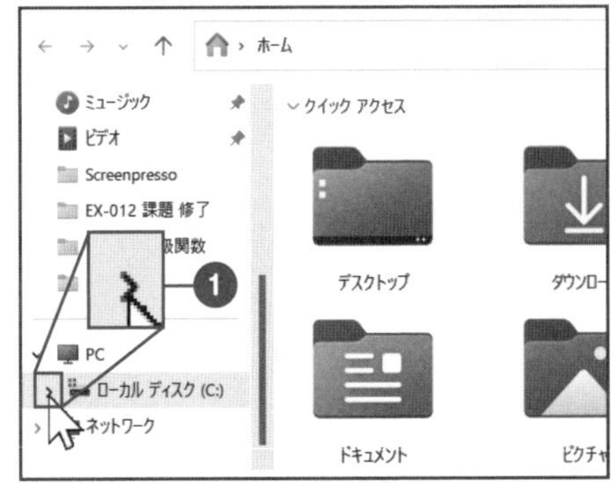

手順③
「ユーザー」の > を（左）クリックする❶。

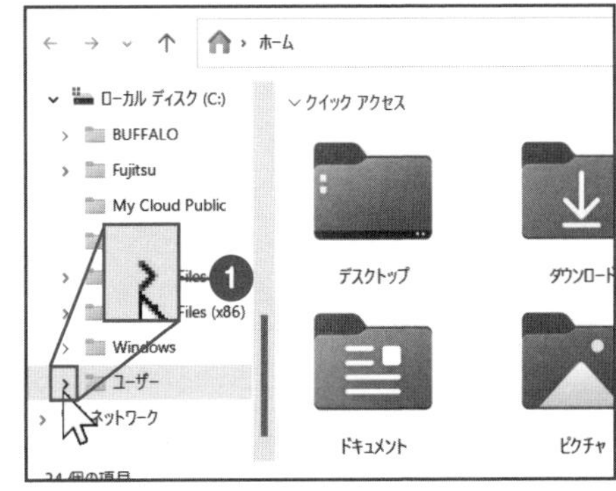

手順 ④

ユーザー名のフォルダー（画面では「donko」）の > を（左）クリックする❶。ユーザー名には、Windowsの初期設定で設定した名前が入っている。

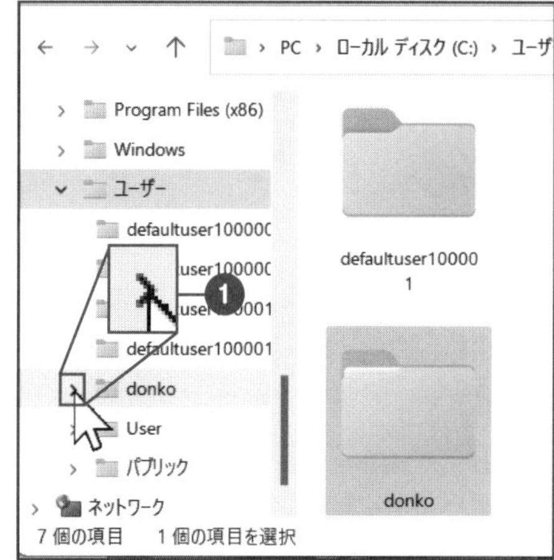

手順 ⑤

「ドキュメント」を（左）クリックすると❶、右側に中身が表示される。「OneDrive」にも「ドキュメント」があるので、混同しないように注意が必要。同じ名前だが、まったくちがうフォルダーになる。

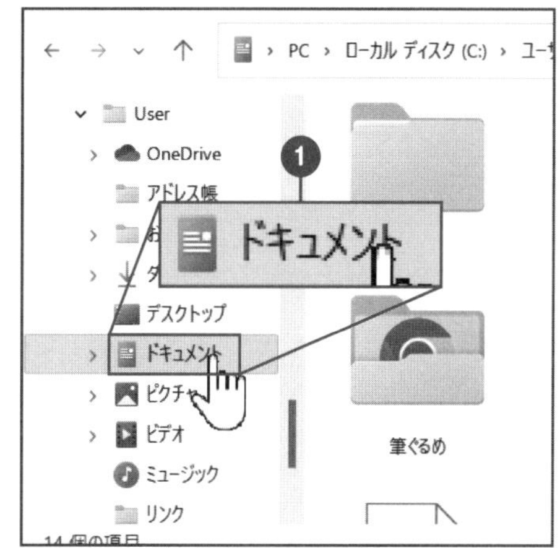

コラム

よく使うフォルダーをクイックアクセスに登録する

「エクスプローラー」を起動すると、クイックアクセスという画面が表示されます。クイックアクセスには、よく使うフォルダーを登録しておくことができます。登録したいフォルダーを右クリックし、「クイックアクセスにピン留めする」をクリックします。よく使うフォルダーをすばやく利用できるので便利です。

ファイルは、フォルダーやアプリとのちがいで理解しよう！

ファイルには どんな種類があるの？

ファイルの種類は、それを作成したアプリの数だけ存在します。

ファイルには、それを作成したアプリの数だけ種類があると考えましょう。ファイルの種類を正確に見分けるには、ファイルの拡張子を確認する必要があります。**拡張子とは、ファイル名のうしろについている「.」と英数字のこと**です。Windowsでは初期設定で拡張子が非表示になっていて、かんたんには変更できないようになっています。作成したアプリによって、ファイル名のうしろにつく拡張子が決まります。拡張子とアプリの対応関係は、以下の表の通りです。

■ **拡張子と対応アプリ一覧**

アイコン	拡張子	対応アプリ	説明
	.doc	2007以前のマイクロソフトワード	文字に加え、書式、図入り
	.docx	マイクロソフトワード	文字に加え、書式、図入り
	.txt	メモ帳／ワードパッド／マイクロソフトワード	文字だけの情報
	.xls	2007以前のマイクロソフトエクセル	表計算
	.xlsx	マイクロソフトエクセル	表計算
	.jpg .jpeg	ペイント／フォト	画像データ 主に写真

	.png	ペイント／フォト	画像データ イラスト等
	.htm .html	Edge ／ Chrome	ホームページのデータ
	.wmv .mp3	メディアプレーヤー／ Windows Media Player	音楽データ
	.pdf	Adobe Acrobat ／ Edge	PDF（書類）データ
	.ppt	マイクロソフトパワーポイント	プレゼンテーションデータ
	.exe	Windows	アプリまたはインストーラ
	.zip	Windows 標準機能	圧縮ファイル

アプリを起動せずにファイルを開くことはできないの？

アプリを使わずにファイルを開くことはできません。ファイルのアイコンをダブルクリックして開くと、その**ファイルを作成したアプリが起動し**、ファイルが開かれます。これは、そのファイルが特定のアプリに関連づけられているからです。例えば、**文書ファイルならワード、写真ファイルならフォト**で開くといった具合です。

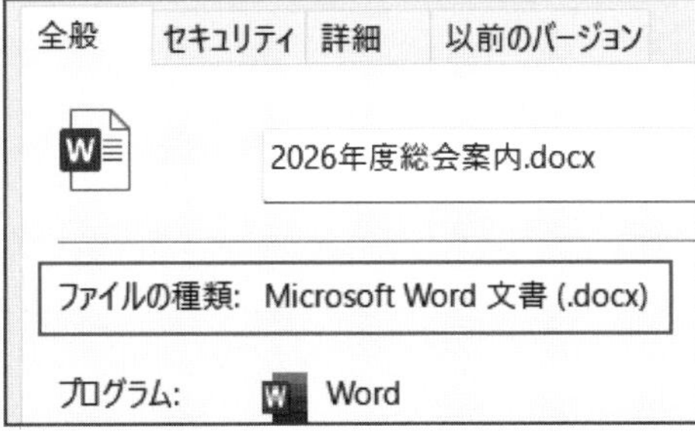

関連付けられたアプリは、ファイルを右クリックし、「プロパティ」を（左）クリックすると確認できる

関連づけされていないアプリで開く

写真がうまく開けないんですが…

前ページで解説したように、ファイルの種類によって、起動するアプリが決められています。例えば**写真のアイコンをダブルクリックすると、「フォト」というアプリが起動**します。しかし、やりたいことによっては、関連づけされていないアプリでファイルを開きたい場合があります。例えば写真に文字を入れたい場合、「フォト」では文字の入力ができません。このような場合は、文字入力ができるアプリ（例えば「ペイント」）を指定してファイルを開く必要があります。
次の方法を使えば、ワードで写真を開いたり、ブラウザ（P186）で文書を開いたりすることもできます。

手順①

開きたいファイルを右クリックし❶、「プログラムから開く」を（左）クリックする❷。ファイルを開きたいアプリを（左）クリックする。目的のアプリが見つからない場合は、「別のプログラムを選択」を（左）クリックする❸。

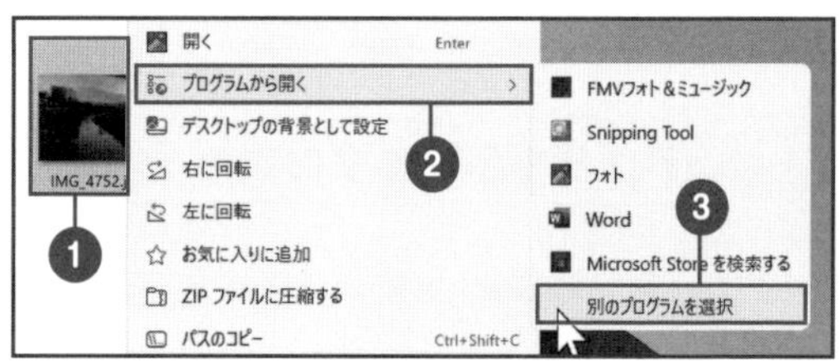

手順②

すると、アプリの一覧が表示される。開きたいアプリを選択して❶、「常に使う」または「一度だけ」を（左）クリックする❷。

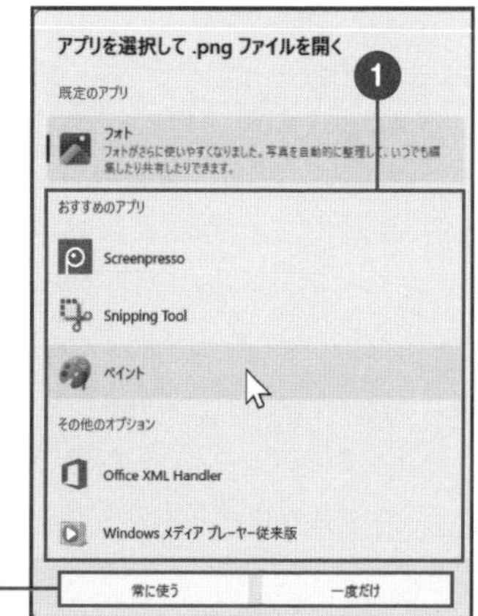

ファイルが開けない理由

送ってもらったファイルが開けないんですが…

ファイルは、ファイルに関連づけられているアプリがパソコンに入っていないと、開くことができません。また、**拡張子を消去したり、まちがった拡張子に変更したりしても、開くことができなくなります**。P118の拡張子の表を参考に正しくつけ直すか、対応するアプリを見つけてインストールしましょう。拡張子の数は1,000以上ありますが、インターネットで「(拡張子)　開く」で検索すると、対応するアプリを見つけることができます。

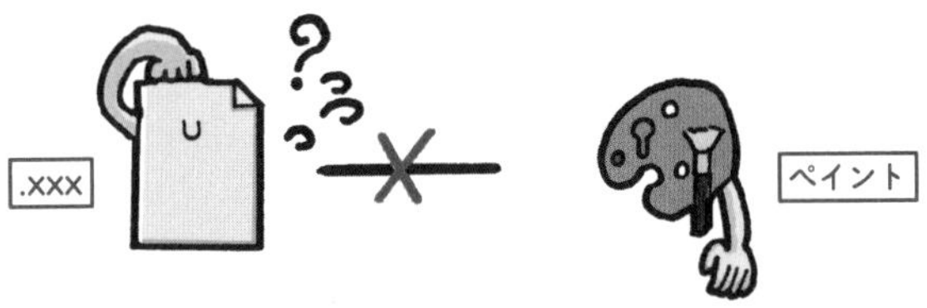

関連するアプリがないと、開くことができない

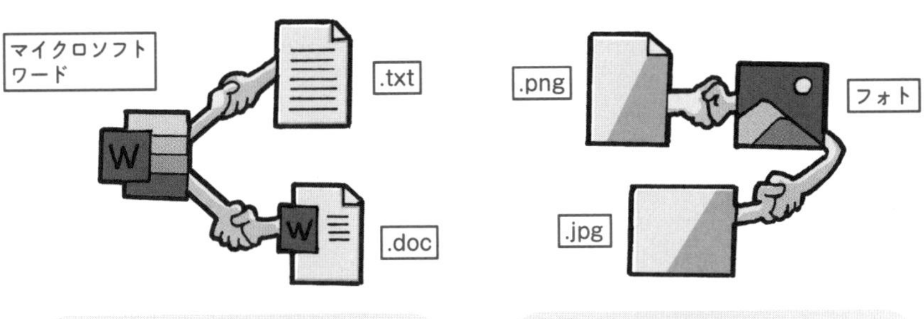

アプリは、いろいろなファイルと関連できる

ファイルは1つのアプリと優先的に関連する

主なファイルの拡張子と対応するアプリを覚えておくと、できる人に思われる！

ファイルやフォルダーの上手な利用方法を教えて！

ファイルもフォルダーも、わかりやすい名前をつける習慣をつけましょう。

フォルダーは、複数のファイルを分類して、1つの場所に保管するために使用します。フォルダーは、デスクトップやドキュメントなど、フォルダーを作成したい場所で右クリックして、「新規作成」→「フォルダー」の順に（左）クリックすれば作成できます。しかし、ファイル整理のコツがわからなければ、フォルダーを作成したからといって整理整頓はできません。そこで、私なりのフォルダーを使ったファイルの整理術をご紹介します。

■ 不要になったファイルは削除する

いらなくなったファイルは、こまめに削除しましょう。これは、どんな整理についても共通の考え方です。不要なファイルを右クリックして❶、「削除」を（左）クリックします❷。

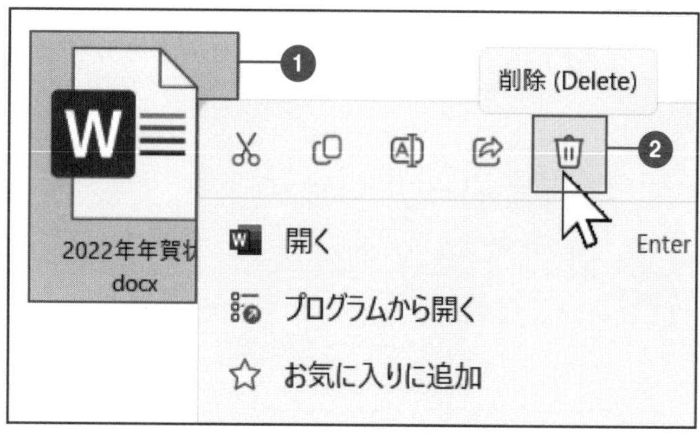

■ 写真はフォルダー名に日付を入れる

写真の場合は、**フォルダー名に日付を入れて整理**するのがよいでしょう。例えば2025年8月8日に三浦海岸で撮影した写真なら、「20250808三浦海岸」のように名前をつけます。数字は、半角文字で入力します。

■ わかりやすいファイル名にする

最近のパソコンは検索機能が優れているため、検索欄にファイル名の一部を入力すれば、一瞬で見つけてくれます（P125参照）。そのため、**検索する時に探しやすいファイル名**をつけるようにしましょう。

■ ファイル名の最初に半角の英字を入れる

ファイル名の最初が英字で始まるようにしておくと、ファイルを探す時に最初の数文字を入力するだけで、当てはまるファイルが表示されます。ただし、「¥」「:」「/」などWindowsのシステムで使う文字はファイル名に利用できないので、注意が必要です。

ファイルやフォルダーの名前は、自分でわかるようにしっかりつけよう！

ファイル・フォルダー

04

ファイルが見つからない時はどうすればよい？

まずは「ドキュメント」の中や「ピクチャ」の中を探してみましょう。

ファイルが見つからない時は、最初に「ドキュメント」や「ピクチャ」の中を探してみましょう。それでも見つからない場合は、ファイル名で検索してみます。

「ドキュメント」を探す

手順①

「エクスプローラー」を（左）クリックする❶。「ドキュメント」を（左）クリックする❷。

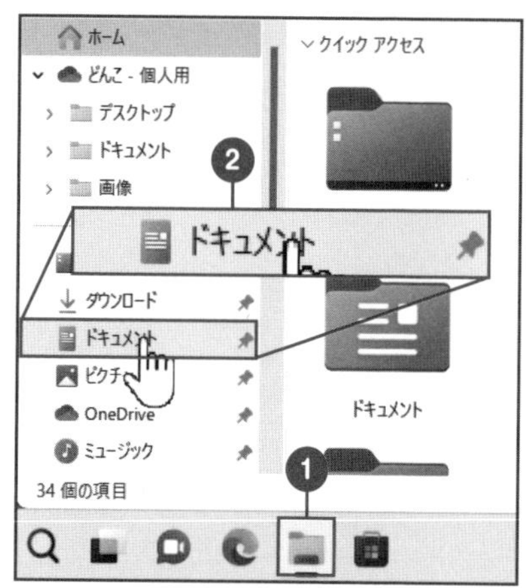

手順②

「ドキュメント」の中のファイルを探す❶。見つからなければ、「ピクチャ」など、その他のフォルダーの中を探す❷。

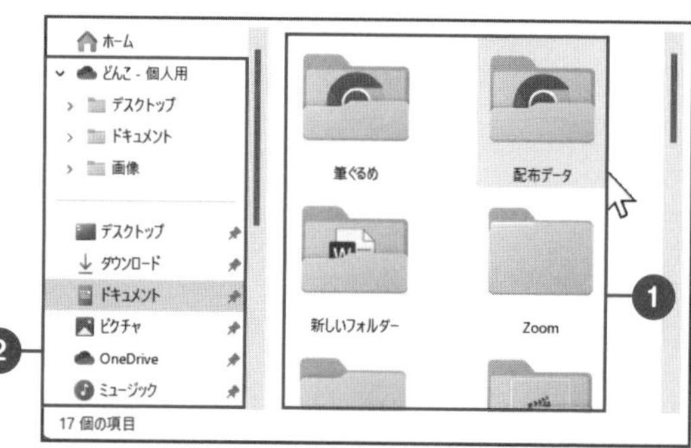

ファイルを検索して探す

ファイルを検索して探すには、2種類の方法があります。パソコン全体から探す方法と、今開いているフォルダーの中から探す方法です。

方法①パソコン全体を検索して探す

「スタート」ボタンを（左）クリックし、探したいファイル名の一部を入力します。すると、パソコン全体で検索が行われ、当てはまるファイルが表示されます。

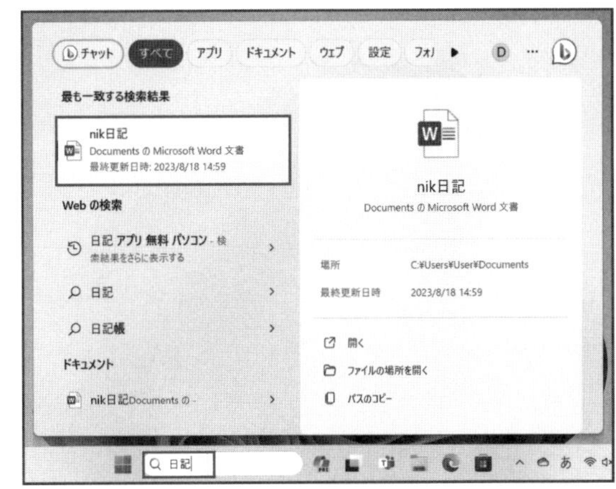

方法②フォルダーの中から検索して探す

P116の方法で、フォルダーを開きます。右上の検索窓を（左）クリックし、探したいファイルの名前を入力します。 Enter キーを押すと検索が実行され、当てはまるファイルが表示されます。

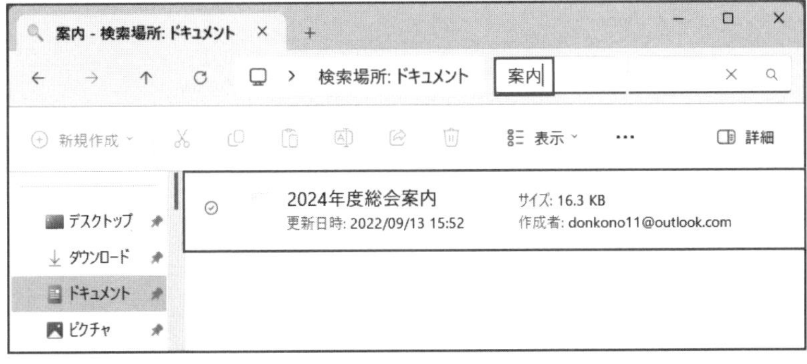

ファイルの表示方法を変える

集合写真を探しているんだけど、写真の内容を見られないのかな？

ファイルの表示方法を変更すれば、写真の内容を確認しながら探すことができます。ファイルの表示方法には、以下のような種類があります。「エクスプローラー」の画面で**「表示」を（左）クリックし、表示方法を（左）クリック**します。

特大アイコン	写真の内容を大きく確認できます。写真がたくさんあると、かえって探しづらいこともあります。
大アイコン／中アイコン	アイコンの表示サイズを調整して表示できます。
一覧	もっともたくさんのファイルを確認できます。
詳細	日付、種類、サイズ（容量）を見ることができます。

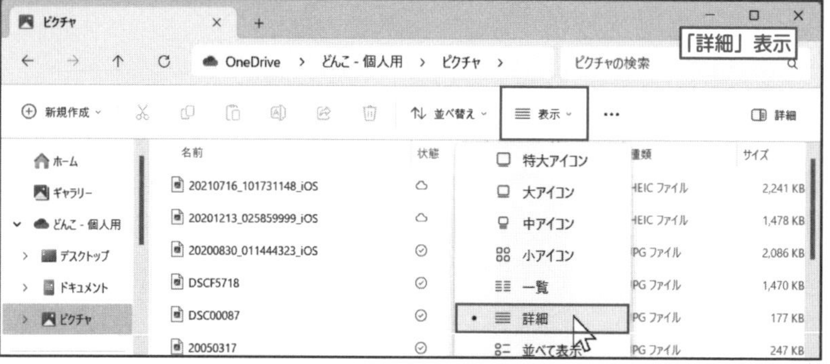

最近利用したファイルをすばやく利用する

さっき利用したばかりのファイルが見つからない！

利用したばかりのファイルをもう一度開きたい時は、「クイックアクセス」(P117) の「最近使用した項目」の中から開くことができます。また、ワードなどのアプリの「最近使ったアイテム」から開くこともできます。

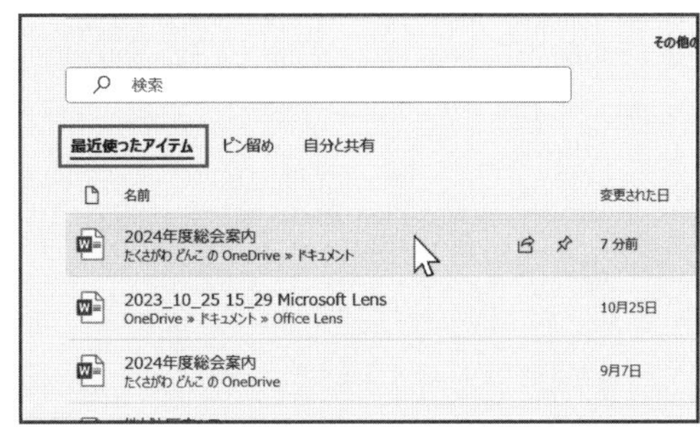

ワードなどのアプリの起動画面では、「最近使ったアイテム」から開くことができる

アプリのファイルを開く画面で、「ファイル名」の横にあるVを（左）クリックすると、候補の中から選んで表示することができます。

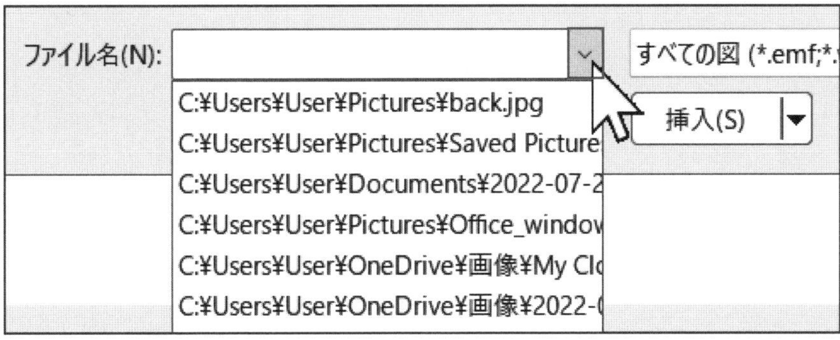

ファイルは、フォルダーから探す方法が基本です。どうしても見つからない場合は検索して探そう。

ファイルはどこに保存されるの？

ファイルは、保存時に指定した場所に保存されます。保存する時、ファイル名もあわせて設定します。

ファイルを保存する時には、保存場所とファイル名を決めます。保存時に保存場所と名前をしっかり確認しなかったことが原因で、ファイルを見つけられなくなることがよくあります。保存時には、必ず保存場所と名前を覚えておくようにしましょう。

保存したファイルは、**パソコン内蔵のSSD**（P26参照）**に保存**されています。そのため、SSDが壊れると保存していたファイルは使えなくなってしまいます。大事なファイルは、OneDrive（P132）や外付ドライブ、DVDなどへバックアップしておきましょう。

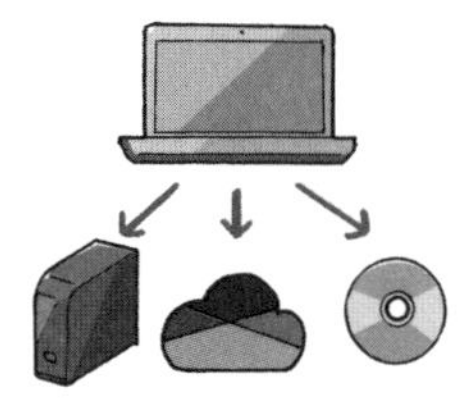

ファイルの保存場所を確認する方法はあるの？

ファイルの保存場所がわからなくなった時は、P124の方法で検索して探します。検索結果に表示されたアイコンから、ファイルの保存場所を知ることができます。保存場所がわかれば、フォルダーからファイルを開くことができるようになります。

■ アドレスバーで確認する

ファイルの保存場所は、「エクスプローラー」のアドレスバーで確認できます。右の例では、「ドキュメント」フォルダー内の「新しいフォルダー」フォルダーにファイルがあることがわかります。

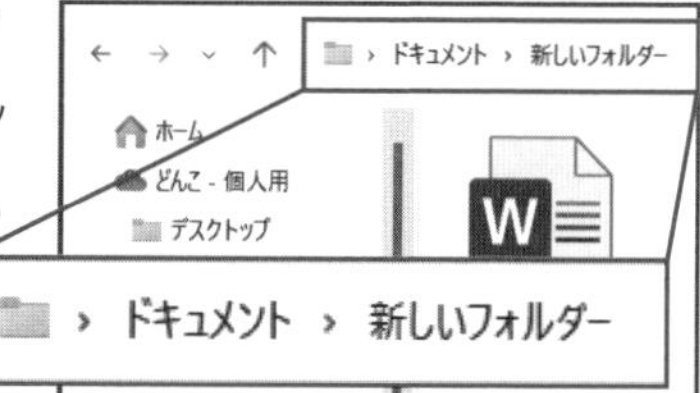

■ **プロパティで確認する**

「エクスプローラー」上でファイルのアイコンを右クリックして「プロパティ」を（左）クリックすると、ファイルの保存場所を確認できます。

■ **開いているファイルを確認する**

アプリでファイルを開いている場合は、「ファイル」→「名前を付けて保存」の順に（左）クリックします❶。「現在のフォルダー」で、保存場所を確認できます。

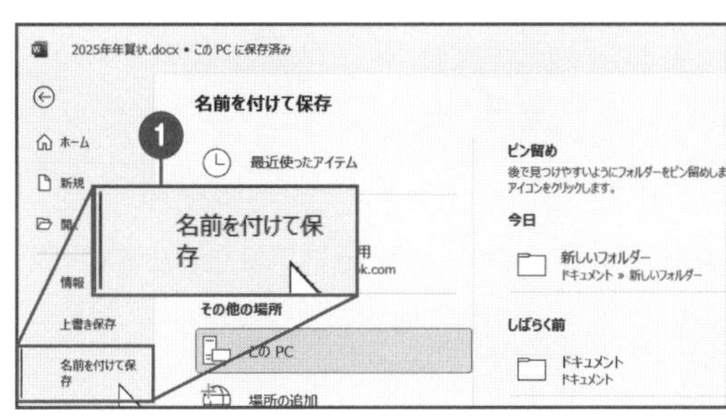

■ **フォトで確認する**

フォトで表示した写真を右クリックして、「エクスプローラーで開く」を（左）クリックします❶。これで、写真や動画の保存場所を確認できます。

ファイルの保存場所は常に意識して、保存やファイル名を設定しよう。

ローカルディスクのCとかDって何？

SSDやUSBメモリなどを管理しやすいようにつけられる目印が、CやDの英数字です。

パソコンの中には**SSDやハードディスクなどの記憶領域**があり、それぞれに「ローカルディスク」や「Windows」といった名前がつけられています。「エクスプローラー」を開くと、これらの名前のうしろに「C：」「D：」といった表示が確認できます。この**「英字」＋「：」（コロン）は、パソコンが記憶領域を管理しやすくするための管理番号です**。なお「E：」以降は、USBメモリや外付ドライブ、デジカメのメモリカードなどに、差し込んだ順につけられていきます。

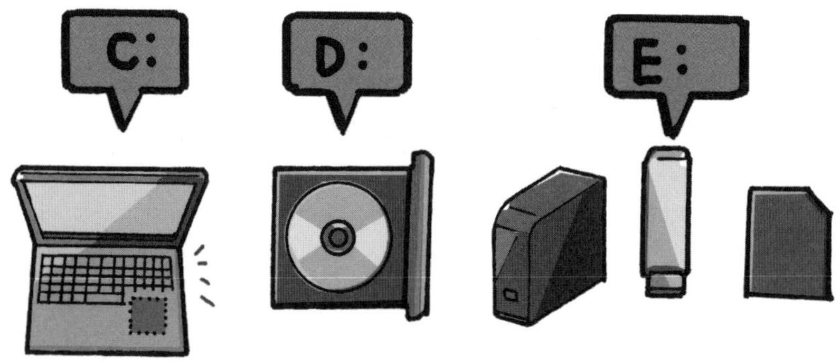

A：／B：	フロッピーディスクにつけられる。現在は使われない
C：	内蔵SSDまたはハードディスクにつけられる
D：	内蔵SSDまたはハードディスクが複数ある場合や、1つの内蔵SSDが仮想的に分割されている場合につけられる。そうでない場合はDVDドライブにつけられる
E：	DVDドライブやUSBメモリなどにつけられる

パスの読み方

これってどういう意味ですか？

「C:¥User¥Donko¥Documents¥Picture¥Samplepictureを開いてください」

「¥」は、「の中の」という意味だと考えてください。つまり「C:」の中の「User」フォルダーの中の「Donko」フォルダーの中の「ドキュメント」（「Documents」）の中の「ピクチャ」（「Picture」）の中の「サンプルピクチャ」（「Samplepicture」）フォルダーという意味になります。
操作に言い換えると、「ドキュメント」→「ピクチャ」→「サンプルピクチャ」の順に開いてください、ということになります。**ファイルやフォルダーの場所を表すこのような文字列のことを、「パス」**と言います。パスを意識したフォルダーの開き方は、P128を参照してください。

コラム

Cドライブと Dドライブの使い分け

本来、「C:」はシステムやユーザーのデータが入っているSSD、「D:」はトラブル時に大切なファイルを退避させるためのSSDを意味しています。しかし、ビジネスなどで大切なデータを扱っている場合は、トラブル時に「C：」のシステムをいつでも入れ替えられるように、作成したデータは「D：」のSSDや外付SSDに入れておく方が安全です。

SSDなど記憶装置の名前のうしろには、「C:」「D:」「E:」のように英字がつく。

クラウドに保存するって、どういうこと？

クラウドに保存したデータは、他のパソコンやタブレット、スマートフォンからでも操作することができ、便利です。

クラウドとは、**インターネットを介してデータを共有するためのサービス**です。文書だけでなく、写真も共有することができます。特にスマートフォンで撮影した写真をパソコンに取り込む場合、パソコンとスマートフォンを直接接続するのではなく、クラウドを利用してコピーした方が便利です。主なクラウドサービスに、Microsoftの「OneDrive」、Appleの「iCloud」などがあります。「OneDrive」は、以下の方法で確認することができます。

手順1

通知領域の「OneDrive」を右クリックし❶、「設定」を（左）クリックする❷。

手順2

「アカウント」を（左）クリックして❶、「Microsoft アカウント」を確認する。

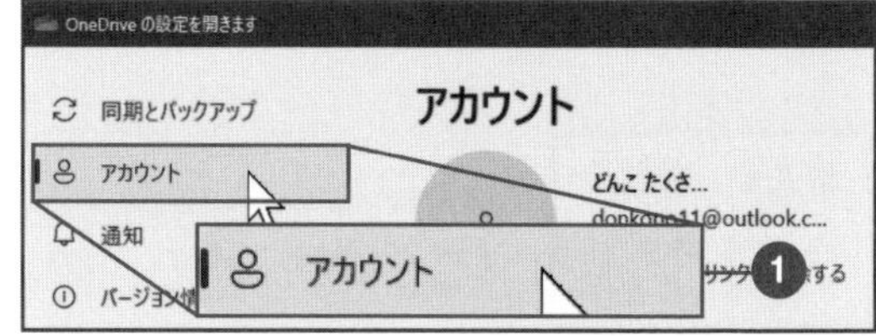

手順 ❸

「OneDrive」フォルダーに、写真や文書を保存する❶。

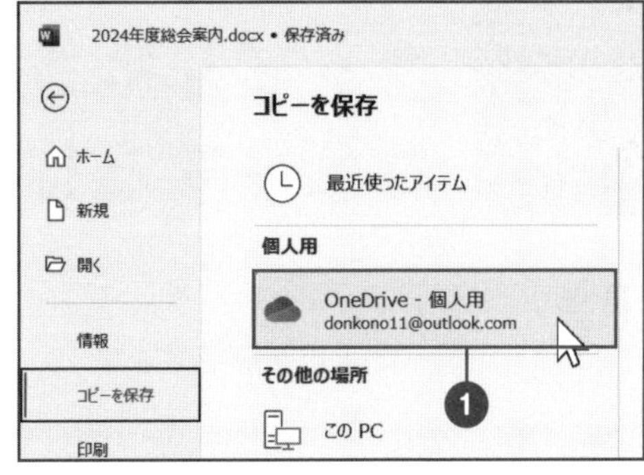

スマートフォンに「OneDrive」を設定する

スマートフォンに「OneDrive」を設定することで、スマートフォンからOneDrive内のファイルを確認することができます。

手順 ❶

スマートフォンに「OneDrive」アプリをインストールする。

手順 ❷

スマートフォンの「OneDrive」アプリに、パソコンと同じMicrosoftアカウントでログインする。

手順 ❸

「+」をタップし、写真や文書を追加する。すると、パソコンのOneDriveにも写真や文書が追加される。

08 ファイルやフォルダーをコピーするには？

ファイルやフォルダーは、「コピーして貼り付け」を行うことで、かんたんに複製できます。

ファイルやフォルダーは、「切り取って貼り付け」（カット＆ペースト）を行うことで、場所を移動することができます。ただし、「切り取って貼り付け」を行うと、元の場所からファイルやフォルダーがなくなります。重要なデータを操作する際は、元の場所にもファイルやフォルダーが残る、**「コピーして貼り付け」（コピー＆ペースト）がおすすめ**です。ここでは、「コピーして貼り付け」の方法をご紹介します。

■ ファイルのコピー

ファイルをコピーするには、あらかじめP116の方法でコピーしたいファイルを表示しておきます。ファイルをコピーするには、以下の3種類の方法があります。

方法①ツールバーでコピー

ファイルのアイコンを（左）クリックして選択し、ツールバーの「コピー」ボタンを（左）クリックします❶。

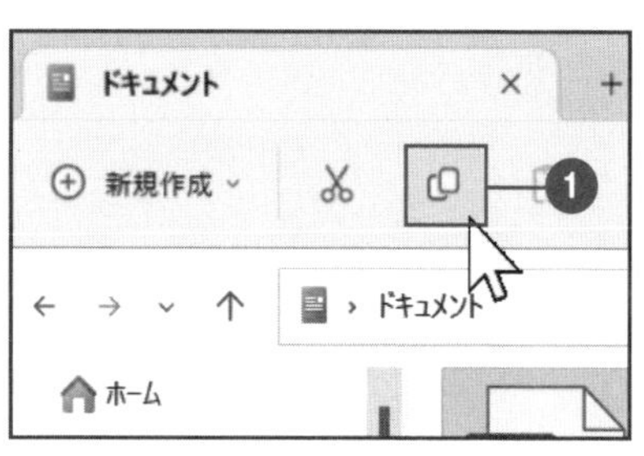

方法②マウスの右クリックでコピー

アイコンを右クリックして❶、表示されるメニューから「コピー」を（左）クリックします❷。

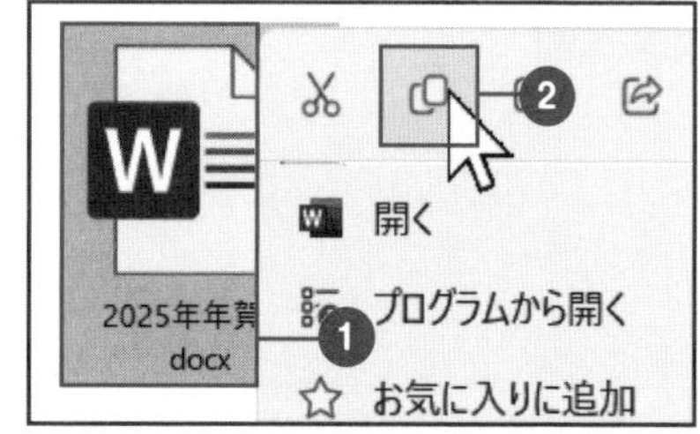

方法③キーボードショートカットでコピー

ファイルのアイコンを（左）クリックして選択し、Ctrlキーを押しながらCキーを押します。

■ ファイルの貼り付け

コピーしたファイルを貼り付けるには、貼り付け先のフォルダーを開いて、以下のいずれかの操作を行います。

方法①ツールバーで貼り付け

ツールバーの「貼り付け」ボタン（左）クリックします❶。

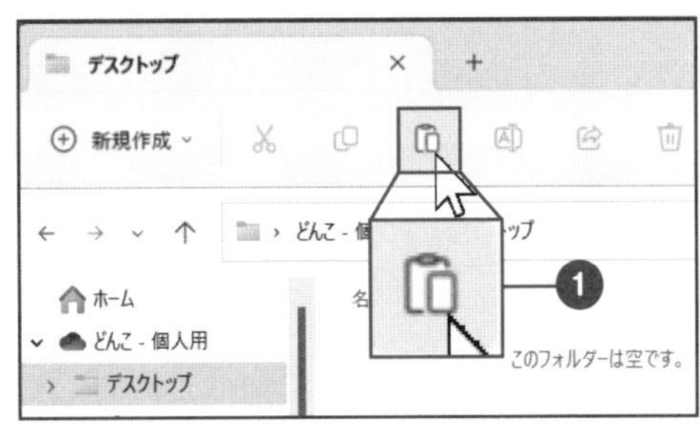

方法②マウスの右クリックで貼り付け

貼り付け先のフォルダーの何もない部分で右クリックします❶。表示されるメニューから「貼り付け」を（左）クリックします❷。

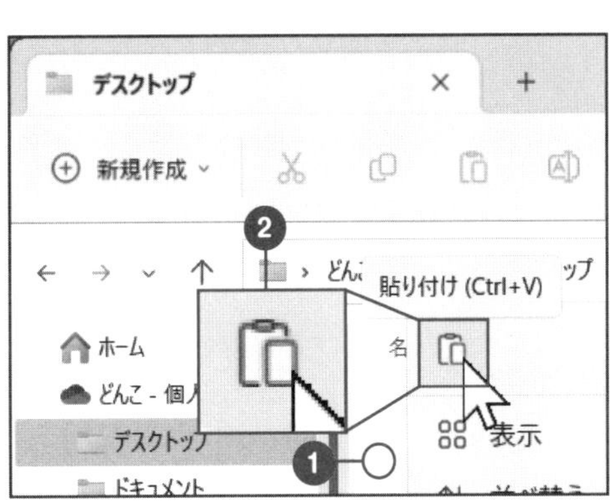

方法③キーボードショートカットで貼り付け

Ctrlキーを押しながらVキーを押します。

ファイルの移動やコピーは、とにかく練習！
繰り返すことで、フォルダーの構造も理解できる。

ファイル・フォルダー

09 ファイルをまちがって捨ててしまったら？

ファイルを削除した場合でも、ごみ箱の中に残っていれば、すぐに復活できます。

ファイルを削除すると、いったんごみ箱の中に入ります。まちがって削除した場合、操作の直後であれば、**ショートカットキーで操作を取り消す**ことができます。しばらく経ってからでも、**ごみ箱の中を確認すれば見つかる**はずです。

■ 元に戻す

ファイルを削除した直後であれば、Ctrl キーを押しながら Z キーを押すことで、削除の操作を取り消すことができます。

■ ごみ箱の中を確認する

ファイルを削除してしばらく経っている場合は、以下の方法でごみ箱を開き、ファイルを元に戻すことができます。

手順①

デスクトップに表示されている「ごみ箱」をダブルクリックする❶。

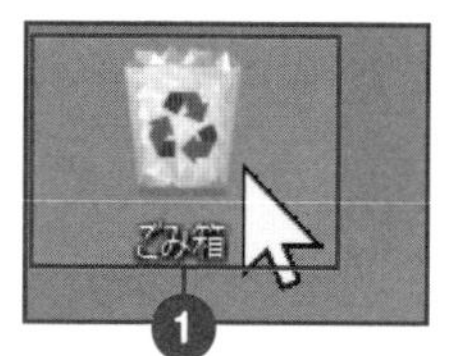

手順②

元に戻したいファイルやフォルダーのアイコンを右クリックする❶。「元に戻す」を（左）クリックする❷。これで、ファイルやフォルダーが元の場所に戻る。

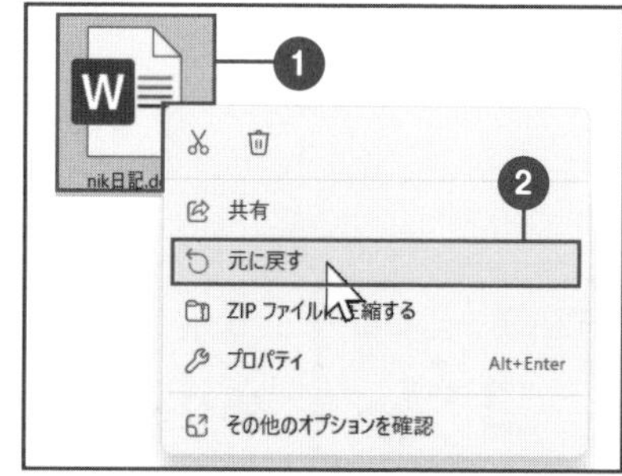

ごみ箱を空にする

ごみ箱の中のいらないファイルは消せないの？

ファイルやフォルダーを削除すると、ごみ箱の中がたくさんのファイルでいっぱいになっていきます。ごみ箱の画面で**「ごみ箱を空にする」**を（左）クリックすると、ごみ箱の中のファイルがすべて消去されます。

まちがえてごみ箱を空にしたら、もう戻せないの？

ごみ箱の中を確認してもファイルが見つからない場合は、ファイルがごみ箱の中からも削除されてしまった可能性があります。その場合は、**ファイル復元ソフト**を試してみましょう。無料のものから2万円程度のものまで、さまざまです。高額な復元ソフトは、さまざまな修復機能を備えています。有料のソフトも、**体験版を無料でダウンロード**し、復元したいファイルが復活するかどうかを確認できます。無事復活できることを確認してから購入し、復元するのがよいでしょう。

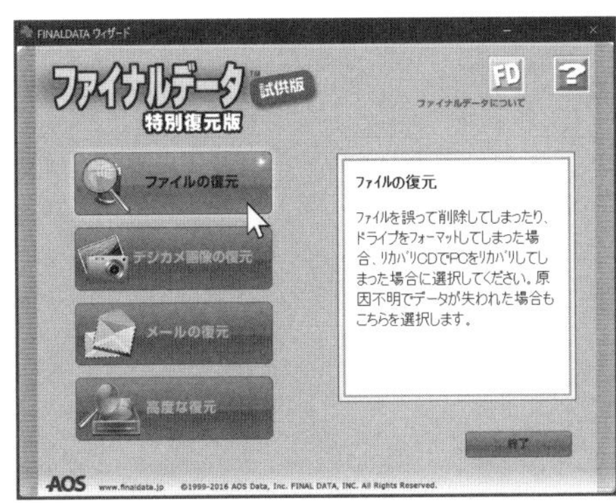

まずはごみ箱の中に入っているか確認する。また、ファイル復元ソフトがあることも知っておこう。

ファイル・フォルダー

10 圧縮と展開、解凍って何ですか？

ファイルのサイズを小さくしたり、複数のファイルを1つにまとめるのが圧縮。元に戻すのが展開です。

圧縮は、ファイルの**サイズを小さくしたり、複数のファイルを1つにまとめたり**することです。大きなサイズのファイルをメールで送る場合などに、圧縮を行います。展開は、圧縮したファイルを元に戻すことです。解凍も、同じ意味です。

■ ファイルを圧縮する

ファイルは、以下の方法で圧縮できます。

手順①

圧縮したいファイルを表示し、（左）クリックする。複数のファイルを1つにまとめる場合は、Ctrlキーを押しながらまとめたいファイルを（左）クリックする❶。

手順②

選択したファイルを右クリックする❶。「ZIPファイルに圧縮する」を（左）クリックすると❷、ファイルが圧縮される。

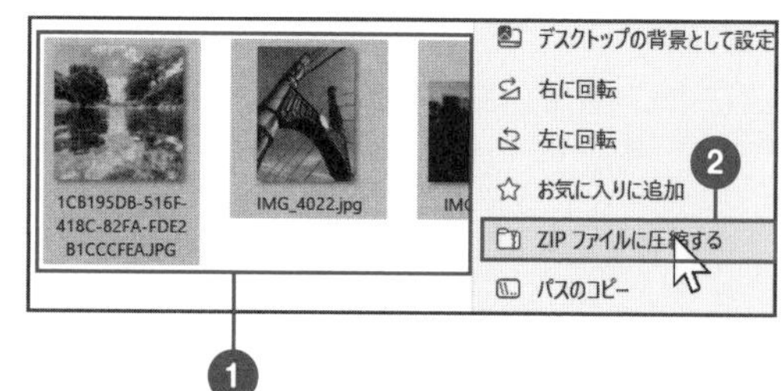

■ ファイルを展開する

圧縮したファイルは、以下の方法で展開・解凍できます。

手順 1

圧縮されたファイルを右クリックし❶、「すべて展開」を（左）クリックする❷。

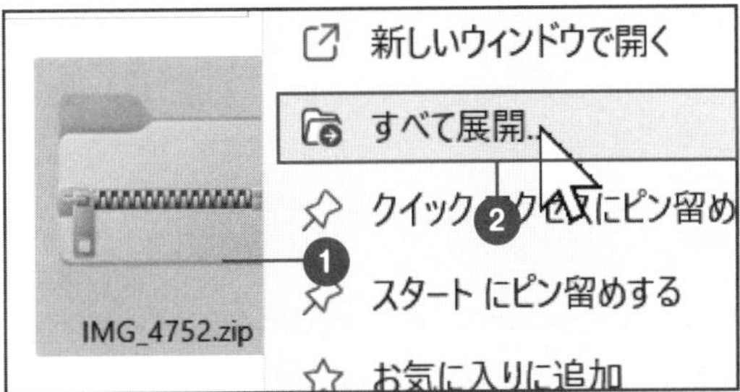

手順 2

「展開」を（左）クリックする❶。「参照」を（左）クリックして、展開先のフォルダーを指定することもできる。

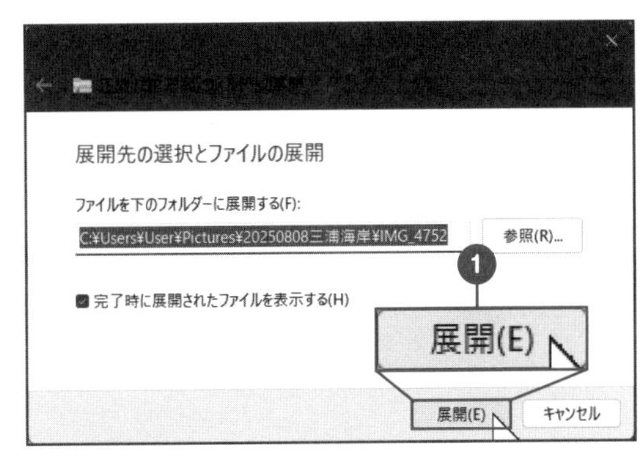

手順 3

展開されたファイルが表示される。

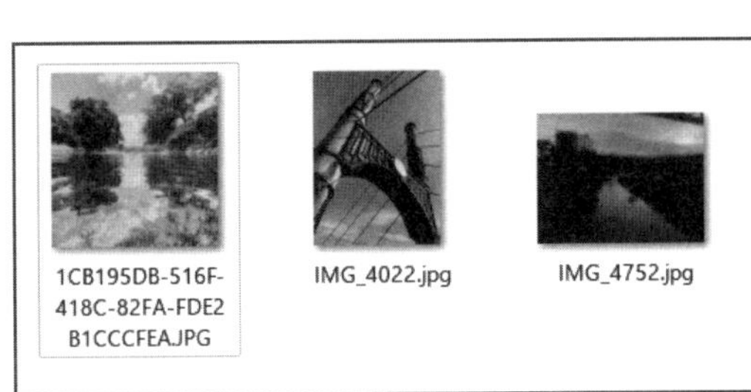

圧縮には、ファイルのサイズを小さくする他に、複数のファイルをまとめる役割もある。

ファイルの個人情報を守る方法

ワードやエクセルのファイルの中には、仕事の重要な情報や、個人情報を含んだファイル、アカウント名やパスワードなどが含まれているものも少なくないでしょう。そのような場合は、ファイルにパスワードを設定することで、他人に見られないようにできます。

・ファイルにパスワードを設定する

ワードやエクセルで保存を行う際の画面で、「ツール」→「全般オプション」の順に（左）クリックします❶。パスワードを入力し❷、「OK」を（左）クリックすれば、文書をパスワードで保護することができます。

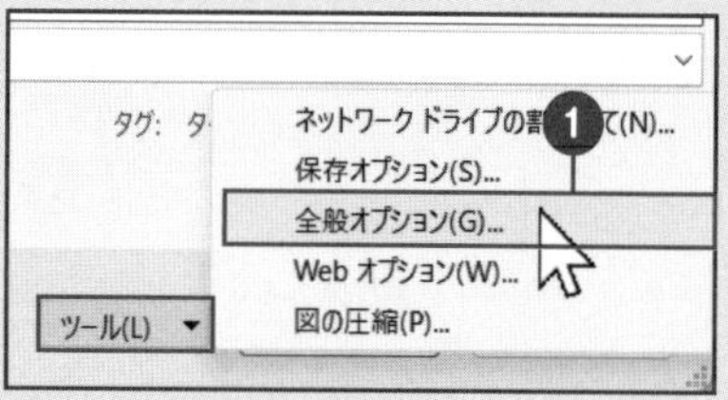

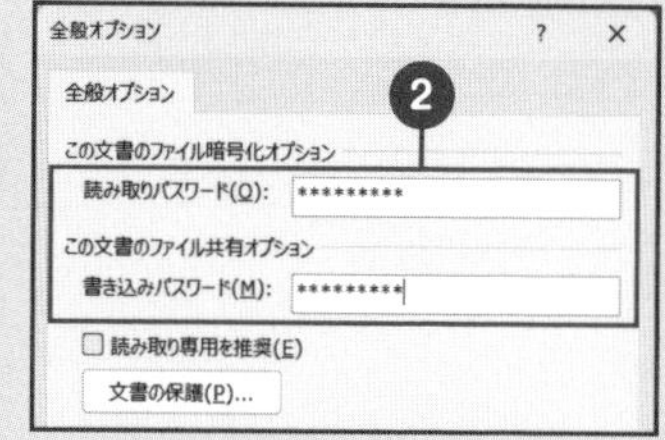

・ファイルの個人情報を削除する

ワードやエクセルで作成した文書には、個人情報が含まれており、他の人にファイルを渡す場合は、個人情報を削除してから渡しましょう。ファイルを開き、「ファイル」→「情報」の順に（左）クリックします。ユーザー名を右クリックし、「ユーザーの削除」を（左）クリックします。また、「問題のチェック」の「ドキュメントの検査」でも、個人情報を削除できます。

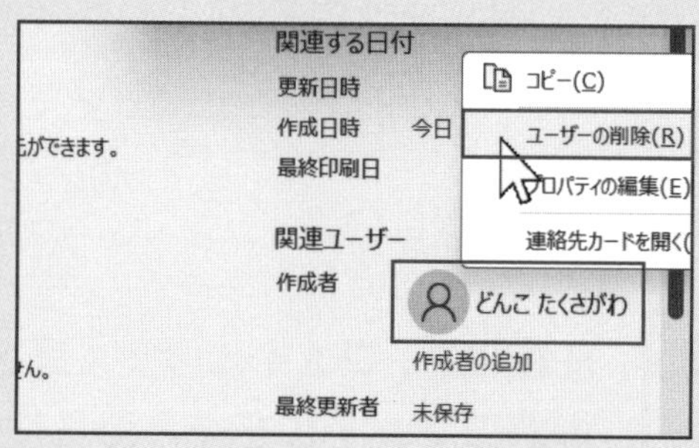

第5章

周辺機器の「困った！」「わからない！」に答える

パソコンをより便利に、魅力的にするのが、デジカメやプリンタなどの周辺機器です。最近の周辺機器には多くの機能が搭載され、さらに便利なものになっています。特にプリンタの中には、印刷だけでなくコピーやスキャンなどの機能がついているものもあります。本章では、そんな周辺機器を正しく利用するためのドライバについて解説します。CDやDVDへの書き込みの疑問にもお答えしています。

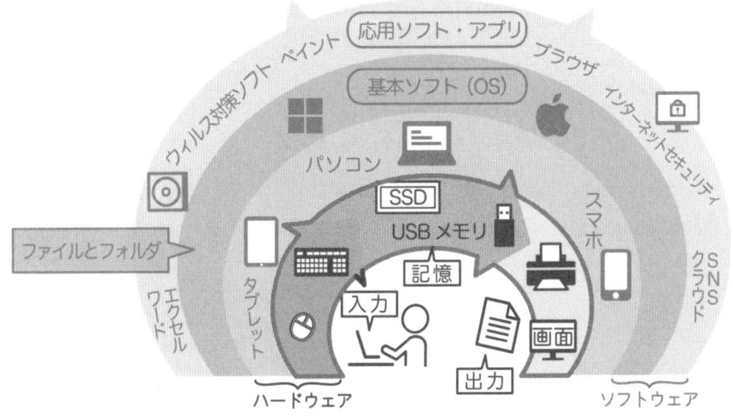

パソコンの周辺機器にはどんなものがあるの？

パソコンの周辺機器には、出力装置、入力装置、（補助）記憶装置があります。

パソコンには、いろいろな周辺機器をつなげて使うことができます。パソコンの周辺機器は、大きく出力装置、入力装置、（補助）記憶装置に分けられます。それぞれ、次のような機器があります。

出力装置

パソコンの計算結果を表示する出力装置には、次のようなものがあります。

■ **ディスプレイ**

主にデスクトップパソコンと接続し、画面を映し出します。**薄型できれいな液晶ディスプレイ（LCD）**が主流ですが、以前は奥行きのあるブラウン管（CRT）もありました。画面に触れて矢印を動かしたり指示を与えたりできる、タッチ操作機能がついたものもあります。

■ **プリンタ**

パソコンで作成したデータを印刷します。現在、プリンタは複合機と言って、単純に印刷するだけではない、多機能なものになりました（詳しくはP146参照）。印刷するしくみには、主にレーザーで紙に焼きつけて印刷するレーザープリンタ（主にオフィスで利用）、インクを吹きつけて印刷する**インクジェットプリンタ（一般家庭で利用）**の2種類があります。

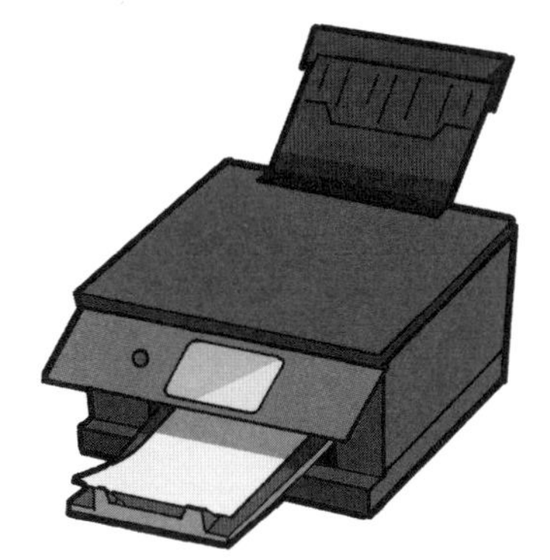

入力装置

パソコンに指示を与える入力装置には、次のようなものがあります。

■ **マウス（P152）**

机の上で滑らせることによって画面上の矢印を動かし、パソコンに指示を与えます。

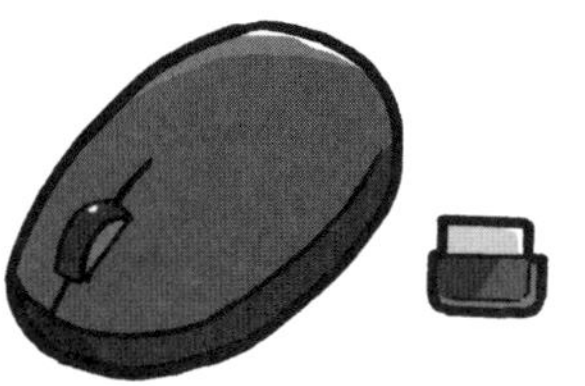

■ **タッチパッド**

主にノートパソコンに搭載されています。指を滑らせて、画面上の矢印を動かします。手前の左右がボタンになっています。

■ **キーボード（P96、P153）**

キーを押すことで、文字の入力や操作ができます。

■ **タッチパネル**

画面に直接触れて、パソコンに指示を与えることができます。

■ **デジタルカメラ**

写真や動画を撮影して、SDカードなどに保存できます。USBケーブルでパソコンと接続して、データを取り込むことができます。

■ **ウェブカメラ**

パソコンに接続している状態で、動画や写真を撮影できます。**ビデオ通話やライブ配信**に使えます。最近のパソコンには標準で内蔵されています。

■ **スキャナ**

印刷された**絵や手書きの文字、新聞などを読み取って、パソコンに保存**できます。プリンタの機能の1つとして搭載されることが多いです。スキャナの中には、**35mmネガフィルムやポジフィルムの取り込み**ができるものもあります。

■ **外付ドライブ／カードリーダー**

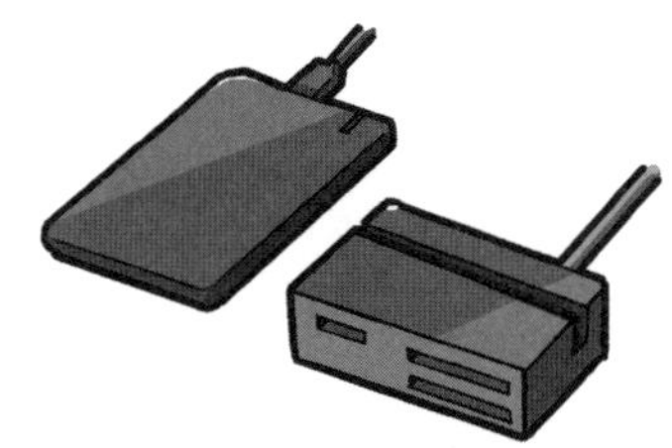

CDやDVD、Blu-rayなどの光学式メディアや、SDカードなどの**記録メディアを読み込む**ための機器です（P155参照）。

（補助）記憶装置

パソコンの記録領域を補助するための補助記憶装置には、次のようなものがあります。

■ 光学式メディア

CDやDVD、Blu-rayのことです。読み込み専用のROMと、書き込みができるRやRWがあります。ドライブが対応していないメディアは利用できません（P159参照）。

■ 記録メディア

フラッシュメモリを利用してデータを読み書きします。カード型の記録メディアには、デジカメでよく使われるSDカード、スマートフォンなどで利用されるmicroSDの他、さまざまな種類があります。USBメモリは、USB接続端子と一体化し、パソコンに直接差し込むことができる記録メディアです。

■ クラウド

インターネット上の記憶装置にデータを保存できるクラウドも、広い意味での周辺機器の1つです。**パソコンが壊れたり盗難にあったりしてもデータは守られ**、いつでも取り出すことができます。

その他

その他にも、スマートフォンやしゃべるスマートスピーカー、健康情報を計測できるスマートウォッチなども、周辺機器の1つであると言えます。

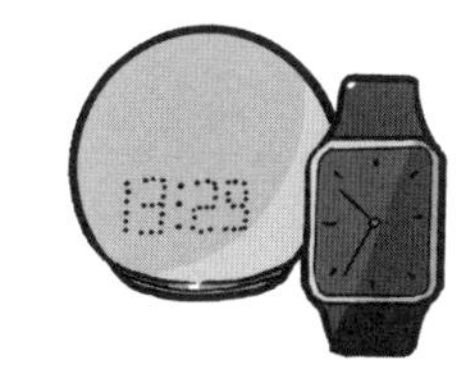

プリンタの使い方を教えて！コピーもできるの？

プリンタには、さまざまな機能がついています。コピーやスキャンもできるプリンタのことを、「複合機」と言います。

プリンタには、印刷機能だけではなく、**コピーやスキャン、FAXなどが可能な、複合機**が多くあります。また、自宅の無線環境に接続して、ケーブルでつなげなくても印刷ができる機種もあります。スマートフォンから無線で印刷することも可能です。

無線で印刷するにはどうすればよいの？

無線で印刷するには、無線ルーターを導入（P182）し、無線環境を整えた上で、プリンタ付属のCD-ROMをパソコンに入れて設定を始めます。パソコンに外付ドライブがついていない場合は、インターネット経由でプリンタの初期設定を行います。

手順①

通知領域の「インターネットアクセス」を（左）クリックする❶。「Wi-Fi接続の管理」を（左）クリックし❷、表示された無線に「接続」する（詳しくはP183参照）。

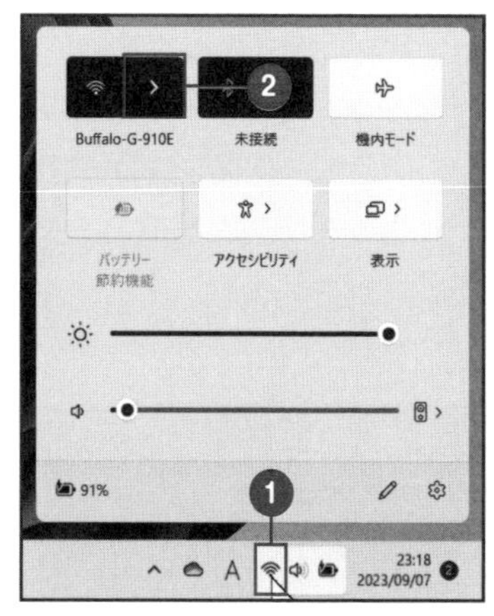

手順②

プリンタに付属のCD-ROMをパソコンに入れる。

手順❸
プリンタ付属のマニュアルに従って、プリンタを無線に接続する。

手順❹
P151の方法でドライバのインストールが完了したら、印刷時に無線のプリンタを選択する❶。

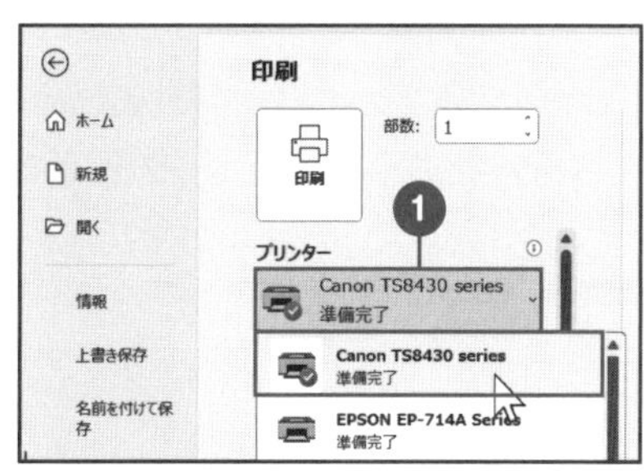

メモリカードから直接印刷する

メモリカードをプリンタのカードリーダーに直接挿入し、印刷することができます。メモリカード対応のプリンタでのみ実行できます。

手順❶
プリンタにSDカードを挿入する。

手順❷
プリンタの▲▼で、写真を選択する。「カラー」を押すと、印刷が開始される。

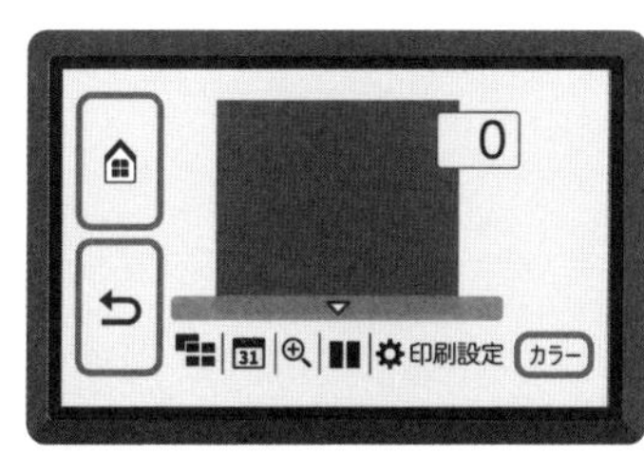

CD／DVDにラベルを印刷する

プリンタのCDラベル印刷機能を利用して、CDやDVDの盤面にラベルを印刷することができます。

手順①

「■」（スタート）を（左）クリックし、「photo」と入力する❶。Canonなら「Easy-Photo Print」、EPSONなら「Epson Photo+」が表示されるので、（左）クリックして起動する❷。

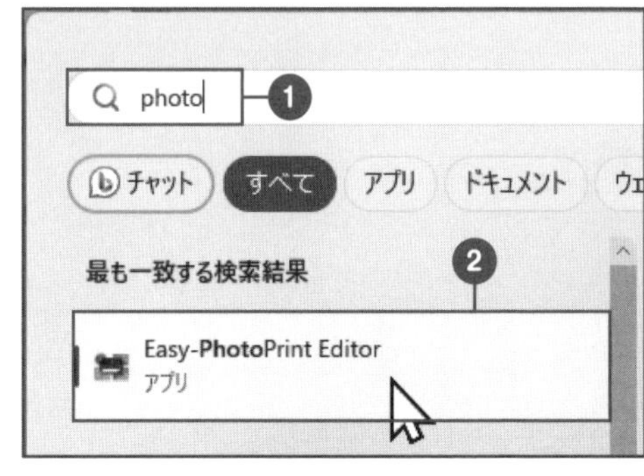

手順②

CDやDVDの盤面のデザインをする。デザインが完成したら、「印刷」を（左）クリックする❶。

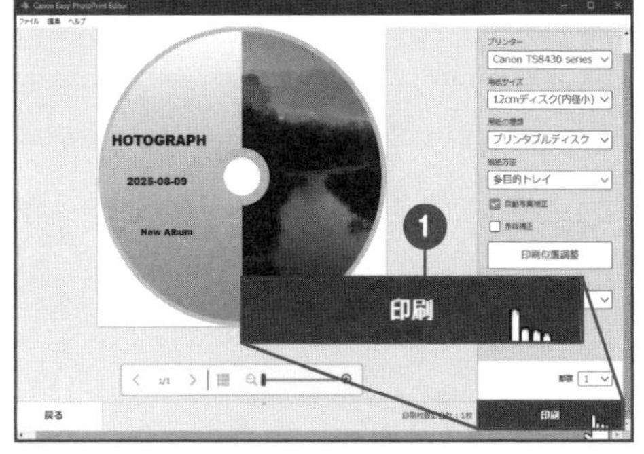

手順③

プリンタの挿入口に、ディスクトレイを設置し、ディスクを挿入する。プリンタの「OK」ボタンを押すと、印刷が開始される。

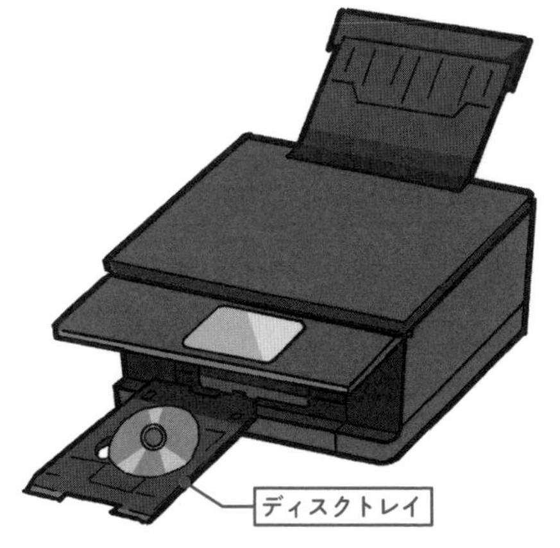

スキャンして電子化する

プリンタのスキャン機能を使って原稿を読み込み、パソコンに保存することができます。パソコンの画面で、原稿を見ることができます。

手順 ❶
プリンタに原稿をセットする。

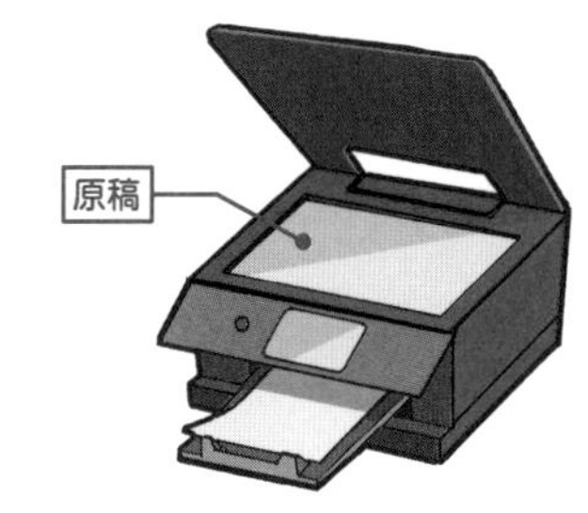

手順 ❷
Canonなら「Canon IJ Scan Utility」、EPSONなら「Epson ScanSmart」を起動する。読み込む原稿の種類を（左）クリックする❶。

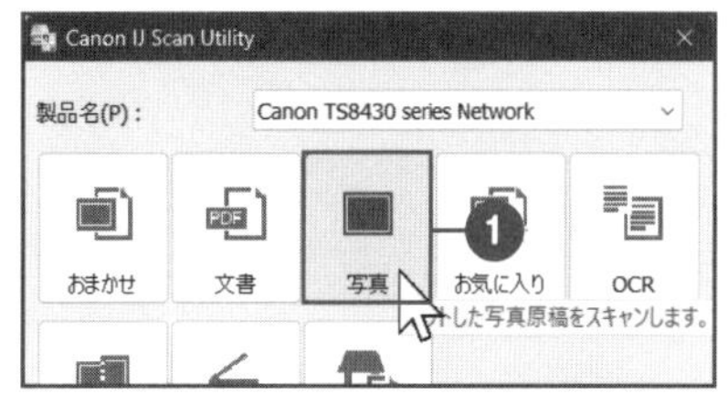

スキャンされた原稿が、画像として表示される。

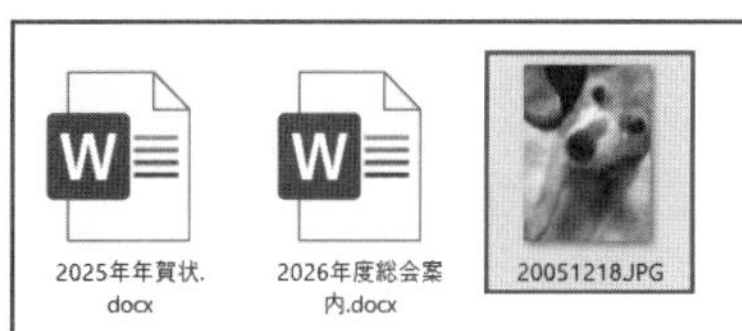

コラム

プリンタのメンテナンス方法

プリンタできれいに印刷されない時は、プリンタのメンテナンスをすることで改善される場合があります。パソコンから操作する他、プリンタ本体で直接行うこともできます。プリンタのメンテナンス方法は、機種によって大きく異なります。付属マニュアルの「ノズルチェック」や「ヘッドクリーニング」などのページを確認しましょう。

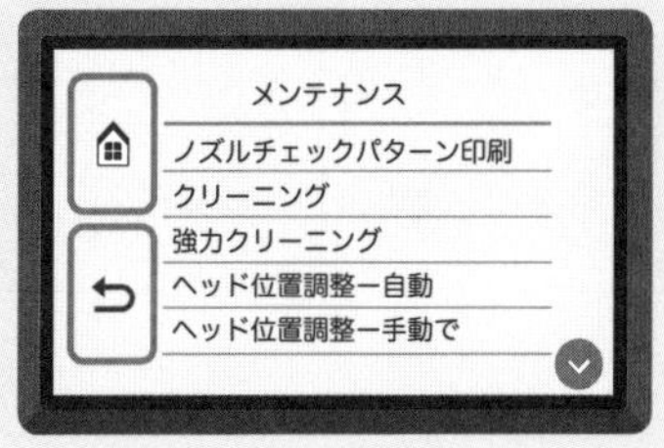

ドライバって何ですか？

ドライバとは、周辺機器をパソコンで利用するために必要なプログラムのことです。

ドライバとは、パソコンで**周辺機器を利用するためのプログラム**のことです。パソコンにドライバがインストールされていないと、プリンタなどの周辺機器が正常に動作しません。ドライバをインストールした覚えがないという方も多いと思いますが、それはあらかじめパソコン内に用意されていたり、**インターネットを介して自動でドライバが入っている**からです。ただし、周辺機器の中には自分でドライバをインストールする必要のあるものがあります。また、古いドライバを使っていると機能の一部を利用できなかったり、不具合が起きた際などにドライバについての知識が必要になったりすることがあります。

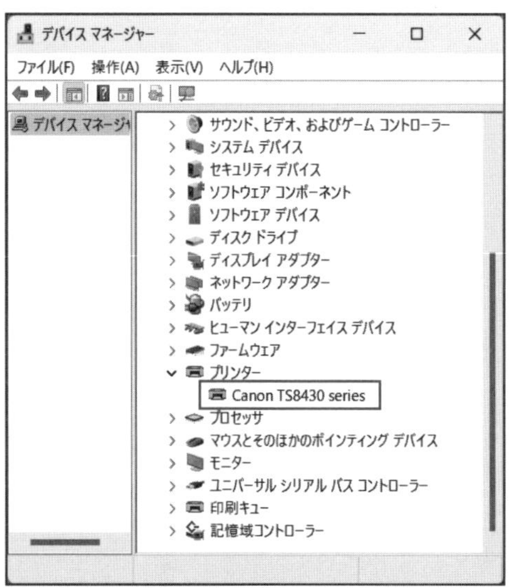

スタートを右クリックし、「デバイスマネージャー」でドライバを確認できる

CDメディアからドライバを入れる

ドライバってどうやって入れるの？必要なのはプリンタだけ？

ドライバは多くの場合、購入した周辺機器に付属してくるCDなどで提供されます。ドライバが必要な周辺機器には、プリンタ、スキャナ、ウェブカメラ、ペンタブレット（パソコンで手書き入力をする）などがあります。また、パソコンにCD／DVDドライブが付属していない場合、インターネット経由でドライバをインストールすることができます。以下では、CDを使ったドライバのインストール方法をご紹介します。

手順❶
周辺機器の付属CDをパソコンのドライブに入れ、「自動再生」を（左）クリックする。

手順❷
「○○○の実行」を（左）クリックする❶。

手順❸
インストール用の画面が表示されるので、指示に従って「はい」や「開始」「次へ」を（左）クリックし❶、ドライバをインストールする。

周辺機器を正常に動作させるためのプログラムがドライバ。周辺機器を利用する際に必要。

マウス・キーボードの上手な選び方は？

自分に合ったマウスやキーボードを選ぶと、一気にパソコンが操作しやすくなります。

自分に合わないキーボードを使っていると、思うようにマウスが動かなかったり、入力がうまくいかない、手が疲れるといった場合があります。健康面にも影響があるので、自分の感覚や予算に合わせて選びましょう。

マウス選びのポイントは何ですか？

マウス選びには、次のようなポイントがあります。

①持ちやすさ

手の大きさは人それぞれです。自分の手の大きさに合った、持ちやすいものを選びましょう。また、重さと滑りやすさもチェックしましょう。

②有線か無線か

有線と無線があり、ケーブルのない無線マウスは便利ですが、電池が必要になるため少々重くなります。また、電池切れの心配もあります。

③マウスの方式

マウスの方式には、ボール式、光学式、レーザー式、青色LED式があります。光学式は、絵柄のあるマウスパッドではマウスカーソルが飛んでしまうので注意が必要です。レーザー式は感度がよく、青色LEDは最高感度の高価なモデルに使われています。

キーボードの種類と選び方

キーボードはどうやって選べばよいのでしょう？

キーボード選びには、次のようなポイントがあります。なお、ノートパソコンの場合は、キーボードの交換ができません。**パソコン選び＝キーボード選びと考え、購入時によく考えて**選びましょう。

①形状とキーストローク

キーボードの形状には、省スペースタイプのキーボードと、右側に数字キー（テンキー）のあるフルサイズキーボードがあります。キーの打ちやすさはフルサイズの方に分がありますが、その分、場所を取ります。キーボードの設置スペースに問題がなく、キーを押した時の感触（キーストローク）が指になじむものがよいでしょう。

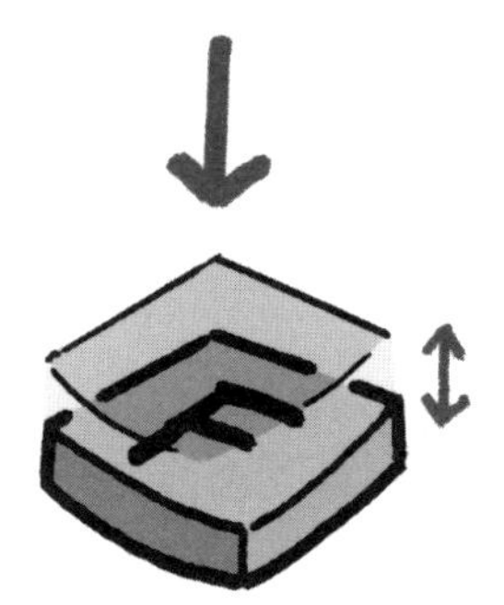

②有線か無線か

キーボードにも、有線と無線があります。入力をしっかり行いたいなら、有線がおすすめです。無線の場合、電池が少なくなると入力がワンテンポ遅れることもあります。

コラム

見落としがちなマウスパッド

マウスやキーボード選びも大切ですが、意外に大切なのがマウスの下に敷くマウスパッドです。マウスパッドがあるとマウスが滑らかに動くので、手の負担が減ります。手首の負担を軽減する、手首枕もあります。

「使いにくいな」と感じたら、マウスやキーボード、マウスパッドを変えてみよう。

周辺機器

05 スマートフォンやデジカメの写真をパソコンに取り込むには？

スマートフォンの写真をパソコンに取り込む方法は3つあります。

スマートフォンで撮影した写真をパソコンに取り込むには、主に3つの方法があります。1つは、P132で紹介した、クラウドの「OneDrive」を経由して取り込む方法です。「OneDrive」を使わずに取り込みたいという場合は、次の方法があります。

パソコンとスマートフォンを直接接続して取り込む

パソコンとスマートフォンを、USBケーブルで直接接続して取り込む方法です。パソコンにスマートフォンを接続すると、**パソコンの画面にスマートフォンのアイコンが表示**されます。あとは、P134の方法でパソコンにコピーします。アイコンが表示されない場合は、iPhoneならiTunesを、Androidなら付属のCD-ROMもしくはインターネット経由で、ドライバをインストールします。

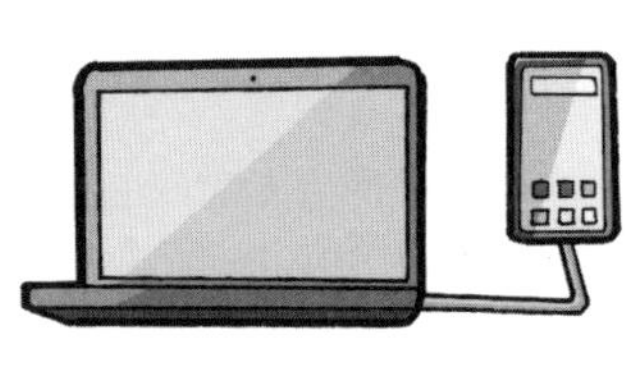

スマートフォンを接続し、スマートフォンで接続の許可をすると、パソコンの「PC」にスマートフォンのアイコンが表示される。ダブルクリックすると、中の写真やデータを確認できる

カードリーダーを使って取り込む

デジカメや携帯電話の**SDカードをパソコンに挿入し、データをコピーする**方法です。カードリーダーが内蔵されているパソコンもありますが、そうでない場合は外付のカードリーダーを購入します。SDカードには以下のような種類があり、一般的なカードリーダーであれば、これらすべてに対応しています。パソコンやプリンタに直接差し込む際には、該当するサイズに対応したカードアダプターが必要になる場合があります。

■ SDカード

デジタルカメラで多く採用されているメモリカードです。ノートパソコンやプリンタの他、対応するテレビ、DVDプレイヤーなどにも入れることができます。

■ miniSDカード／ microSDカード

スマートフォンやカーナビ、ドライブレコーダーなどで利用されています。最近は極小サイズのmicroSDカードが多く、miniSDカードはほとんど見かけなくなりました。

■ カードアダプター

miniSDカード／ microSDカードに取り付けるためのカードアダプターです。miniSDカード／ microSDカードをアダプターに取り付けることで、SDカードのサイズに対応した周辺機器に差し込むことができるようになります。

メモリカードを利用する場合は、カードリーダーを使おう。

CDやDVDにデータを保存したい

ドライブにDVDなどのメディアを挿入し、ファイルの書き込みを行いましょう。

CDやDVDにデータを保存するには、CD／DVDドライブが必要になります。パソコンに内蔵されていない場合は、外付のドライブを購入します。ドライブの準備ができたら、ドライブに対応したCDやDVD、Blu-rayなどのメディア（ディスク）を用意します。メディアは、家電量販店やコンビニ、ホームセンターなどで売られています。メディアを用意したらドライブに挿入し、画面の指示に従って、ディスクに書き込みをするための準備としてフォーマットを行います。フォーマットが完了したら、CD／DVDへのファイルの書き込みを行います。

ドライブ

メディア（ディスク）

Windowsでの書き込みの方法

WindowsのCD／DVDへの書き込み方式には、**利便性の高い「ライブファイルシステム形式」と互換性の高い「マスタ形式」の2種類**があります。書き込んだファイルを消したり、あとから追加したい場合は「ライブファイルシステム形式」を選びます。古いパソコンや**一般のCD／DVDプレイヤーでも再生したい場合は「マスタ形式」**を選びます。「マスタ形式」では、一度書き込んだファイルの削除や追加はできません。

手順①

CD／DVDのメディア(ディスク)をドライブに挿入する。「自動再生」画面が表示されるので、これを閉じる。書き込みたいファイルを右クリックし❶、「その他のオプションを確認」を（左）クリックする❷。

手順②

「送る」を（左）クリックし❶、「DVD RWドライブ」または「BD-REドライブ」を（左）クリックする❷。

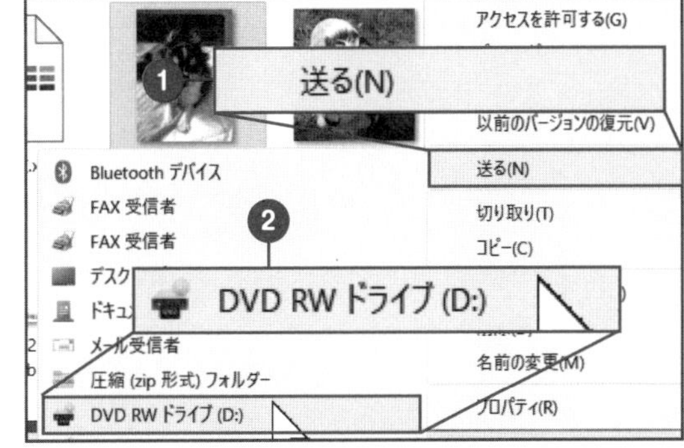

手順③

「CD／DVDプレーヤーで使用する」を選び❶、「次へ」を左クリックする❷。

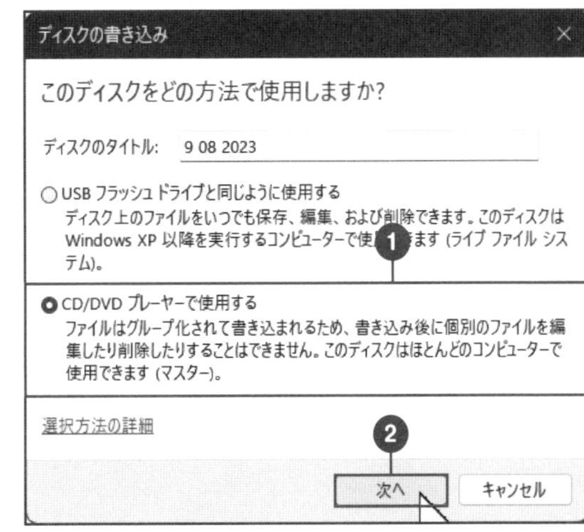

手順4

フォーマットが始まり、画面右下にメッセージが表示される。他に書き込みたいファイルがあれば、手順1と同様に右クリックし、「その他のオプションを確認」→「送る」❶→ドライブ名❷の順に（左）クリックする。

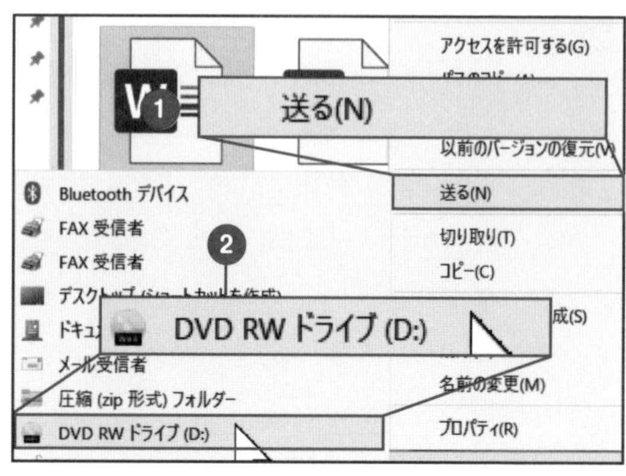

手順5

手順4の操作を繰り返し、書き込みたいファイルをすべて送り終えたら、右下に表示されるメッセージを（左）クリックする。

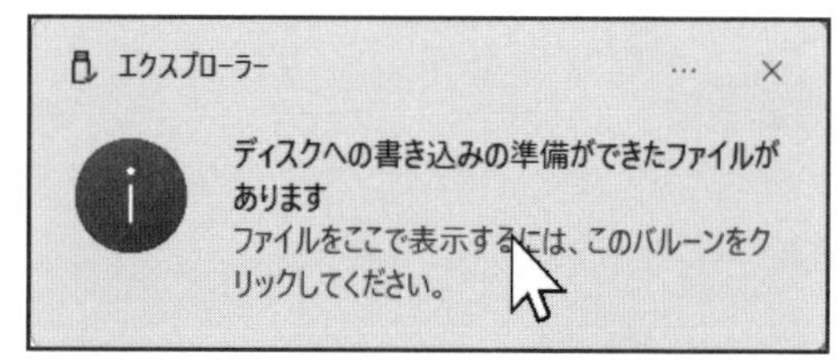

手順6

CD／DVDの中身が表示され、書き込まれたファイルが表示される。「…」❶→「書き込みを完了する」を（左）クリックすると❷、書き込みが実行される。

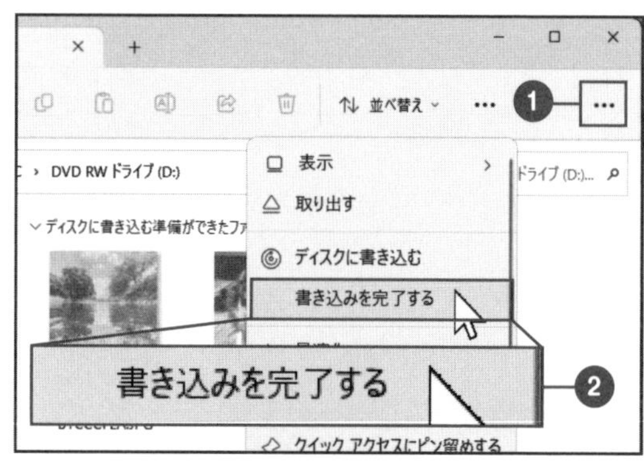

手順7

書き込みが終了すると、「ファイルはディスクへ正しく書き込まれました」というメッセージが表示される。「完了」を（左）クリックする❶。

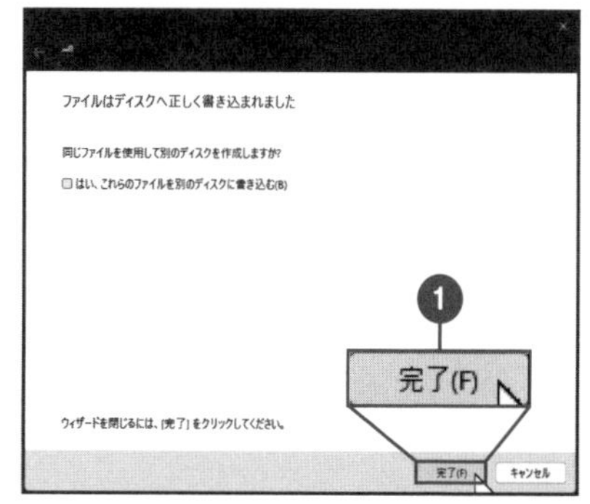

ドライブにメディアを挿入し、書き込めたかどうか確認する（P161参照）。

2倍速や4倍速って何？

CDやDVDにデータを書き込む際、メディアが回転する速度を高速化することで、書き込みを速くすることが可能です。これが2倍速や4倍速です。ただし、速くしすぎると書き込みに失敗することがあるので注意が必要です。

音楽用CD-Rって何？

著作権料が価格に上乗せされているCD-Rのことです。また、デジタルテレビの録画に配慮した「CPRM」対応の録画用DVD-Rもあります。

コラム

CD、DVD、Blu-rayとドライブの種類

ディスク型のメディアには、いくつかの種類があります。25GBの容量のあるBlu-ray、4.7GBのDVD、700MBのCDです。
Blue-rayとDVDには、書き込み容量が2倍ある2層式があります。
ドライブには、メディアの読み込みしかできないROM（ロム）、読み込みと書き込みができるReWritable（リライタブル）、2層式に対応したマルチリライタブルがあり、ドライブについたロゴマークを見るとわかります。

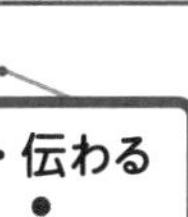

CDやDVDにデータを保存するには、メディアに対応しているドライブが必要。

USBメモリにデータを保存したい

USBメモリや外付SSDには、CDやDVDと同じ操作でデータを保存できます。

USBメモリや外付SSDにデータを保存する方法は、それほど難しくありません。まずはUSBメモリや外付SSDをパソコンのUSBに挿入し、次のように操作します。

手順①

USBメモリや外付SSDに保存したいデータを右クリックし❶、「その他のオプションを確認」を（左）クリックする❷。

手順②

「送る」❶→「リムーバブルディスクの名前」❷の順に（左）クリックする。外部記憶装置には、それぞれ固有の名前がついている（例では「ESD-USB」）。これで、USBメモリや外付SSDにデータを保存することができる。

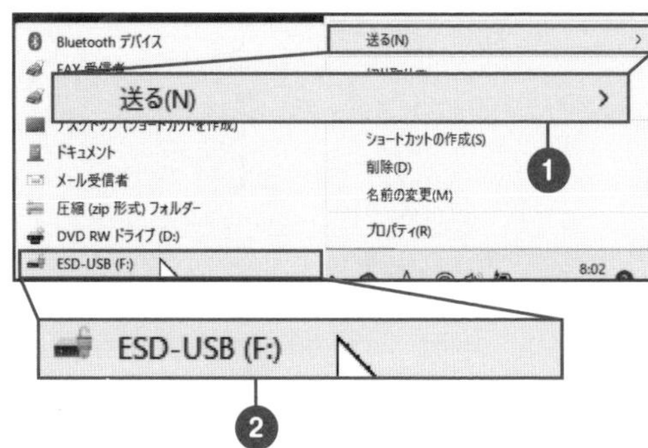

周辺機器

08

USBメモリやCD／DVDのデータを開くには？

USBメモリもCDやDVDも、開く方法は同じです。

USBメモリやCD／DVDといった外部記憶装置に保存されたファイルを開く方法をご紹介します。SDカードや外付SSDなども、すべて同じ方法で開くことができます。

手順 1

USBメモリやCD、DVDドライブなどの外部記憶装置を、パソコンに接続（挿入）する。

手順 2

「自動再生」画面が表示されるので、「フォルダーを開いてファイルを表示」を（左）クリックする❶。「自動再生」画面が表示されない場合は、次ページを参照。

DVD RW ドライブ (D:) 9 08 2...

リムーバブル ドライブ に対して行う操作を選んでください。

ストレージ設定の構成
設定

フォルダーを開いてファイルを表示
エクスプローラー

何もしない

手順 3

外部記憶装置の中身が表示される。このデータをそのまま開いたり、パソコンにコピーしたりできる。

自動再生画面が表示されない場合

自動再生画面が表示されない場合はどうすればよいの？

手順 1

外部記憶装置を挿入しても自動再生画面が表示されない場合は、タスクバーの（エクスプローラー）を（左）クリックする❶。

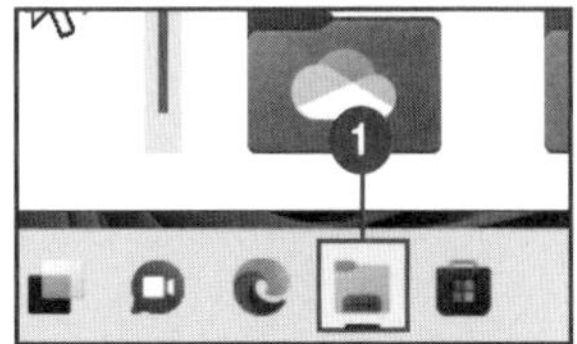

手順 2

外部記憶装置のアイコン（以下の表を参照）をダブルクリックする❶。

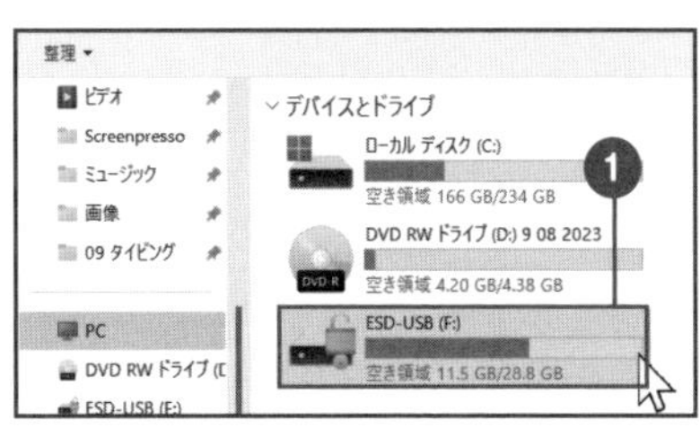

	CD や DVD
	USB メモリまたは外付 SSD ／ HDD。錠のマークがあれば暗号化されている。
	Windows が入っている SSD
	SD カード
	スマートフォンなどの周辺機器

手順 3

外部記憶装置の中身が表示される。アプリを起動している場合は、「ファイル」→「開く」の順に（左）クリックして、ダイアログボックスから外部記憶装置を指定することもできる。

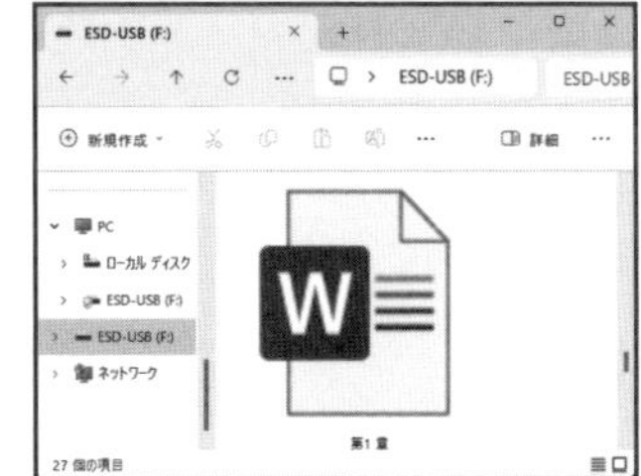

USBメモリやメモリカードの取り外し方

電源を消す前にUSBメモリを抜いちゃったけど、大丈夫かな？

USBメモリもメモリカードも、パソコンの電源をつけたまま取り外すことができます。ただし、いきなり抜いてしまうのではなく、正しい手順で取り外すようにしましょう。

手順 1
あらかじめ、すべてのウィンドウの「閉じる」を（左）クリックし、ウィンドウを閉じておく。通知領域の∧を（左）クリックし❶、「ハードウェアを安全に取り外してメディアを取り出す」を（左）クリックする❷。

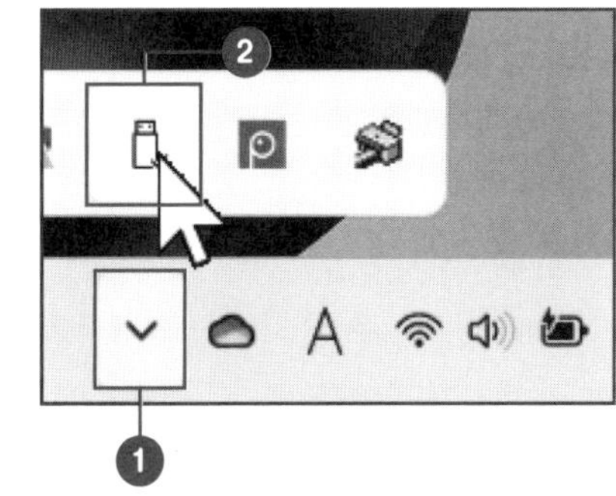

手順 2
「(取り外したいUSBメモリやメモリカード）の取り出し」を（左）クリックする❶。

手順 3
「安全に取り外すことができます。」と表示されたら、USBメモリやメモリカードをパソコンから外す。

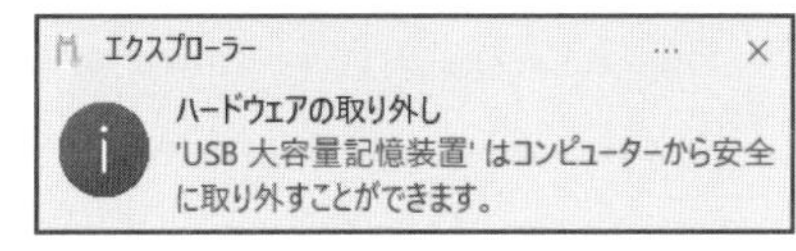

USBメモリやメモリカードの取り外しは、安全な方法で行わないと製品寿命が縮まる！

DVDに入れた動画が再生できない！

動画が再生できない時は、コーデックをインストールしよう。

パソコンで作成したDVDが家庭用のDVDプレイヤーで再生できないのは、次の理由が考えられます。

- P156で紹介したマスタ形式で動画を保存していない
- 動画ファイルをDVD-Video形式にしていない
- ファイナライズ（クロージング・閉じておくこと）をしていない

パソコンから音が出ない

DVDもYouTubeも、パソコンから音が出ません！

パソコンの音は「パソコン本体の音量×Windowsの音量×再生ソフトの音量」で決まります。どれか1つでも音量が小さくなっていたり、ミュート（無音）になっていると音は聞こえません。

■ 本体とWindowsの音量

本体とWindowsの音量は、Fnキーを押しながら［スピーカーマーク］キーを押して調整できます。
また、通知領域の^を（左）クリックし、「スピーカー」のつまみをドラッグすることでも調整できます。

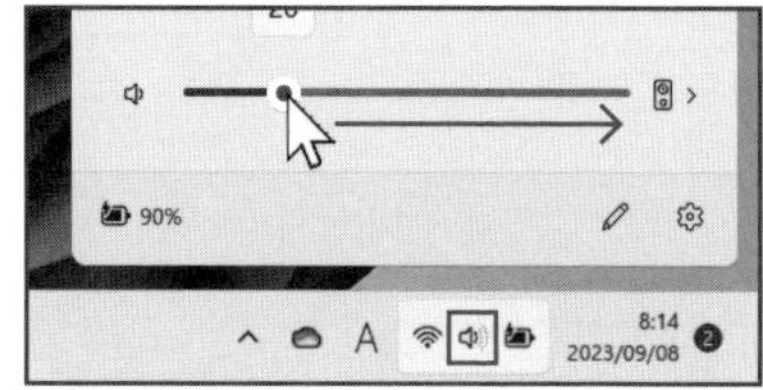

■ 再生ソフトの音量

Windows Media PlayerやYouTubeなどの再生アプリやブラウザにも、音量があります。スピーカーマークを探して、確認しましょう。ツマミが左側に寄っていたり、ミュートになっていると音が出ません。

動画が再生できない

動画が再生されない、カクカクしている…

動画が再生できない、カクカクしてスムーズに再生されないといった場合は、インターネットの通信速度の問題やアドオンが原因かもしれません。動画を再生したりゲームをするための追加機能を、拡張機能や**アドオン**（P209参照）と呼びます。これらの拡張機能が原因で、トラブルになることがあります。また、セキュリティのためにブラウザが停止していることがあります。その場合は、許可してあげることで再生が始まります。通信速度については、P176の方法で調べてみましょう。

■ 再生用のコーデックをインストールする

4Kや8Kなどの高画質の動画が再生できないことがあります。これは、再生するための機能である「コーデック」が原因です。コーデックは、StoreアプリからHEVCビデオ機能拡張を有料で入手できます。無料で再生したい場合は、**「VLC player」**や**「K-Lite Codec Pack」**で検索してダウンロード、インストールしましょう。

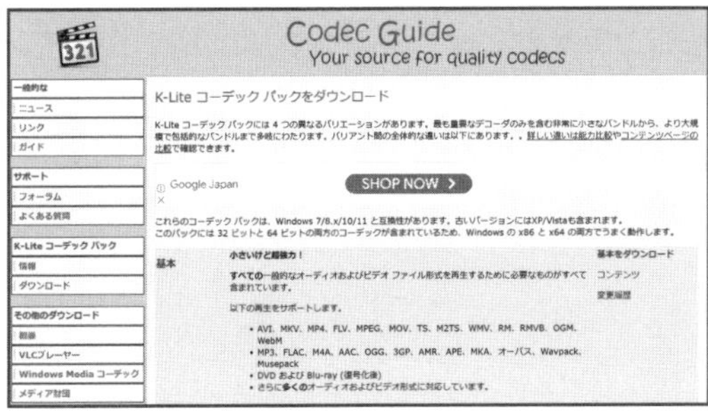

古臭い画面なので心配になるが、インストールすると高画質の動画も再生、編集できるようになる

周辺機器 10

プリンタで必要な部分だけを印刷したい！

プリンタで必要な部分を印刷する方法は3つあります。

ワードやエクセルなどの文書はもちろん、最近のホームページは縦長のため、不要な箇所までが印刷されてしまいます。そこで、必要な部分だけを印刷したい場合、①印刷するページの範囲を指定する方法、②現在表示されているページのみ印刷する方法、③選択した部分を印刷する方法があります。ここではEdgeを例に、③の方法を紹介します。やり方はChromeでもほぼ同じです。

手順①

印刷したいページを表示し、必要な部分をドラッグして選択する❶。

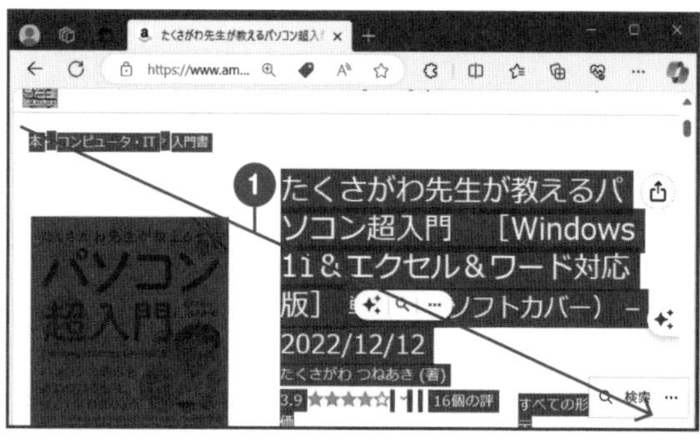

手順②

「…」を（左）クリックし❶、「印刷」を（左）クリックする❷。もしくは、キーボードでCtrlキーを押しながらPキーを押す。

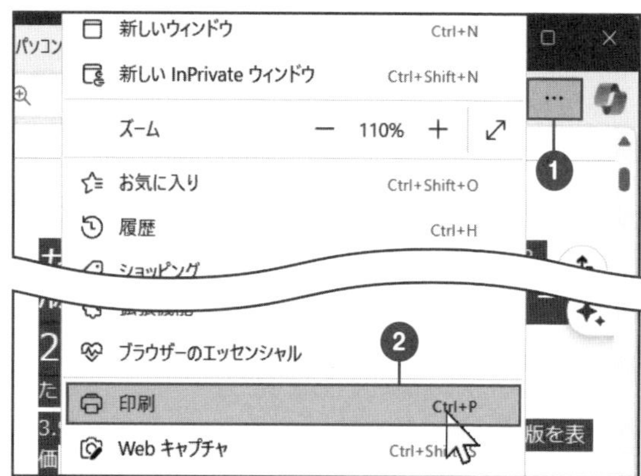

手順 ❸
プリンタの名前を確認する❶。「ページ」で印刷したいページ番号を入力する。

手順 ❹
「その他の設定」を(左)クリックする❶。

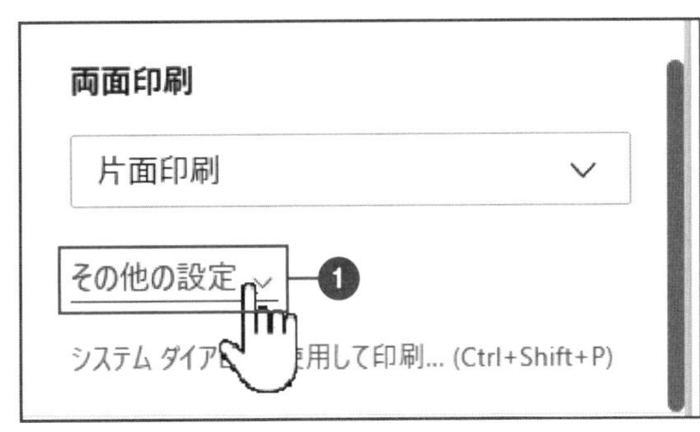

手順 ❺
「選択範囲のみ」を(左)クリックしてチェックを入れる❶。「印刷」をクリックすると❷、選択した部分だけを印刷できる。

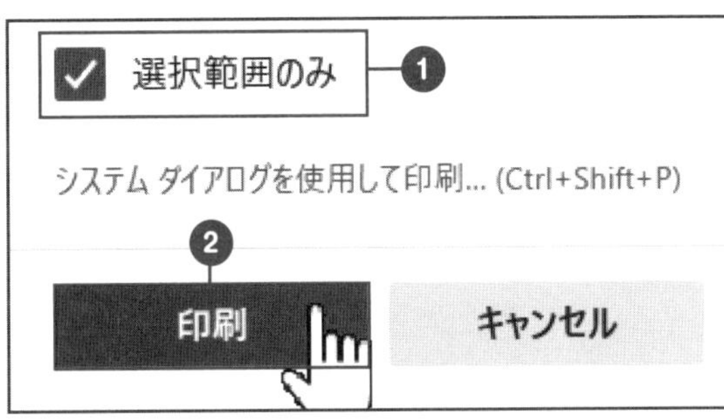

必要な部分をドラッグで選択し、選択した部分だけを印刷できる。

古い写真をパソコンに取り込みたい！

複合機のスキャナ機能を使うと便利です。

スキャナを使えば、古い写真だけでなく原稿などもパソコンに取り込めます。

手順 ①

プリンタに写真や原稿をセットする。

手順 ②

プリンタ側でスキャンの操作をするか、パソコンで「Canon IJ Scan Utility」(Canonの場合) か「Epson Scan」(EPSONの場合) を起動する。「写真」や「文書」を (左) クリックし❶、「スキャン」を(左)クリックする。

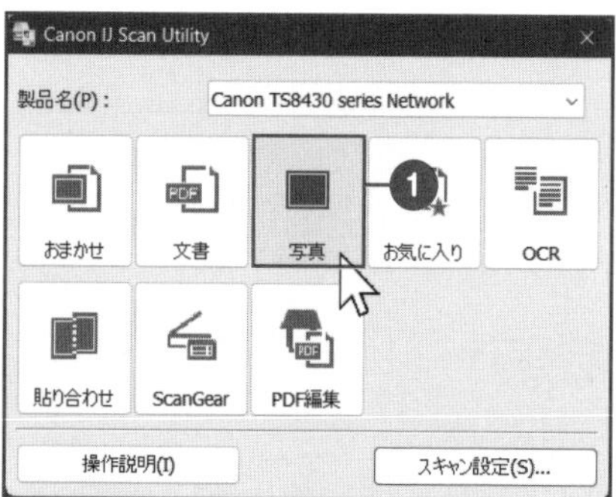

手順 ③

スキャンされた写真や原稿が表示される。

第6章

インターネットの「困った！」「わからない！」に答える

インターネットは、パソコンだけでなくタブレット、スマートフォンでも頻繁に利用されています。本章では、インターネットを使っていて直面しがちな、プロバイダーや接続に関すること、知っておくと未然にトラブルを防げるネットショップの知識などを、やさしく解説しています。1つ1つ丁寧に読んで、安心してインターネットを楽しみましょう。

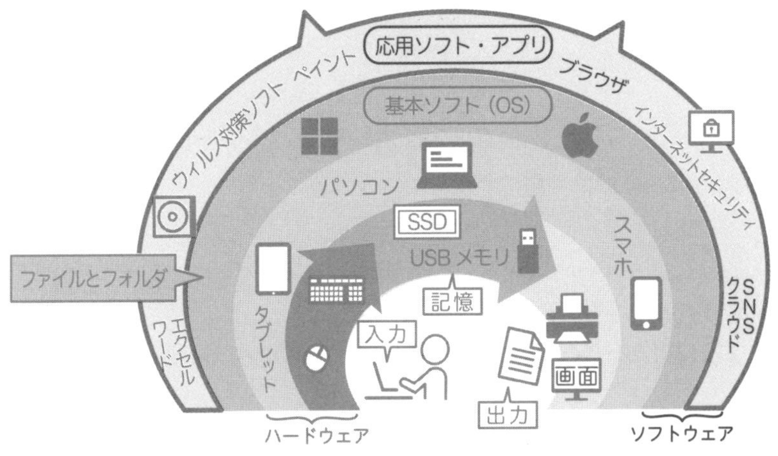

プロバイダーって何？

インターネットを楽しむには、プロバイダー（接続業者）と契約し、利用します。

プロバイダーとは、**インターネットに接続するためのサービスを提供している、接続業者**のことです。インターネットは、世界中のコンピュータをつないだ巨大なネットワークです。プロバイダーは、家や会社からこの巨大なネットワーク（インターネット）へつなげるための、中継地点の役割をしています。この中継地点を通らなければ、インターネットは使えません。

また、こうしたインターネット接続とともに、家や会社からプロバイダーにつなげるための、物理的な回線も必要です。この**回線を提供するのが回線業者**で、主にNTTやKDDIといった電話会社が担当しています。

例えば@niftyというプロバイダーと光回線（P172参照）の契約を行う場合、回線業者としてNTT、KDDI、中部テレコミュニケーションの中から選択することができます。それぞれ提供エリアや料金が異なるので、条件をよく見て選びましょう。

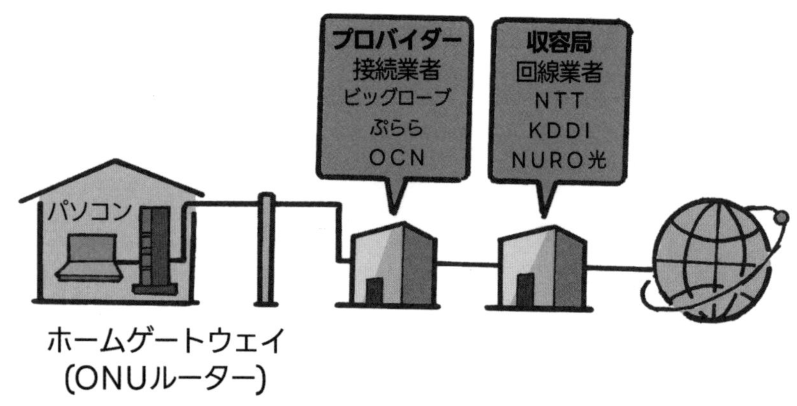

「回線業者」はあまり意識することは少ない

ちがうプロバイダーのホームページを見るには？

プロバイダーがYahoo！でなくても、Yahoo！のホームページは見られるの？

プロバイダーがYahoo！でなくても、Yahoo！JAPANのホームページは見ることができます。プロバイダーの役割は、ネットワークの中継だけです。同じYahoo！でも、プロバイダーとしてのYahoo！と、検索やニュースを提供するホームページとしてのYahoo！ JAPANは、別のサービスになります。混乱しやすいですね。

コラム

ホームページのしくみ

インターネットを開くと表示されるホームページのデータは、サーバーと呼ばれるコンピュータに保存され、ネットワークを介して誰でも見られるようになっています。また、1つの団体や会社のホームページのまとまりのことを、サイトやウェブサイトなどと呼びます。

インターネットの利用には、プロバイダーと合わせて、回線業者も選択しよう。

光回線って何？

光回線は、電話回線ではない独自の回線方式です。

光回線は、インターネットに接続するための回線方式です。他の通信方式と比べて長い距離でも信号が減衰せず、安定してた通信ができます。現在もっとも**主流の通信方式で、自宅やオフィスなど多くの場所で利用**されています。光回線を利用するには、専用の工事が必要です。光回線を導入すると、電話のモジュラージャックの近くに差込口ができます。光回線終端装置やホームゲートウェイと呼ばれる機器をプロバイダーからレンタルし、ケーブルをつないでインターネットに接続します。自宅内であれば、回線を無線にすることも可能です。

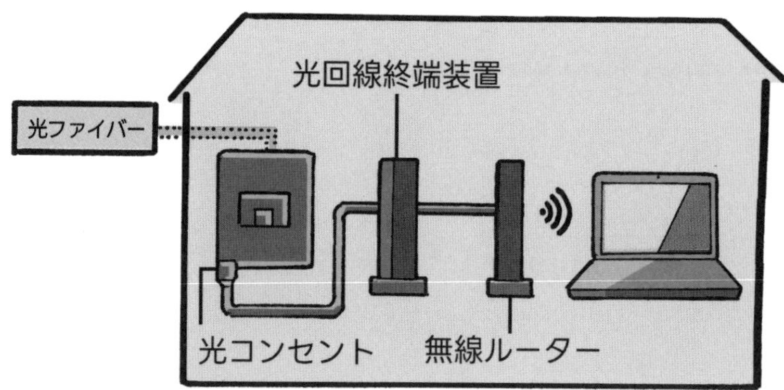

また、光回線や電話回線を使わずに、高速のインターネットに接続できるホームルーターも登場しています。工事がいらないため、手軽に取り入れることができます。

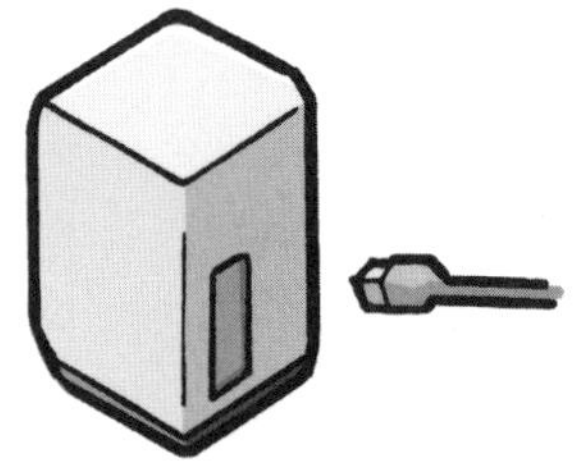

光回線と4G・5Gのちがい

光回線とスマートフォンの4G、5Gは何がちがうの？

インターネット接続のための回線には、光回線の他に、ADSL、CATV（ケーブルテレビ）、無線回線の4G、5G、公衆無線LAN（Wi-Fi）などがあります。ADSLは、アナログ電話回線の空きを利用する通信方式で、2025年に終了します。CATVは、ケーブルテレビの回線網を利用した通信方式です。4Gや5Gは、基地局から出ている電波を利用してインターネットに接続する無線通信です。**4G、5G回線は、無線端末やホームルーターを購入またはレンタルして利用**します。**スマートフォンを介して接続**することもできます。
4Gは、国内のほぼ全域で利用できます。4Gよりも高速で通信できる5G回線も、山間部をのぞく国内ほぼ全域で利用できるようになっています。**Gは「ジェネレーション」の略**で、世代という意味です。

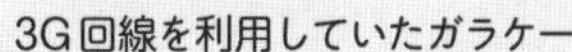

3G回線を利用していたガラケー

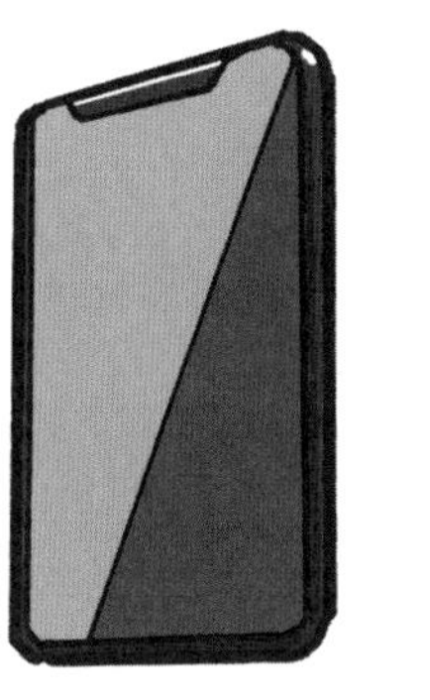

4G、5G回線のスマートフォン・モバイルWi-Fiルーター

インターネットの通信方式には、光回線の他に、無線の4G、5Gなどがある。

ホームページがなかなか表示されないのは通信速度が遅いせい？

通信速度も原因の1つですが、他の理由も考えられます。

「光回線にすれば速くなりますよ」というのは営業電話の殺し文句ですが、光回線にしたけれど、全然速くならないという声も耳にします。実際、初心者がよく利用する時刻表や天気を調べたりといったインターネットの使い方では、光の速さを実感できません。ちがいが出てくるのは、動画や音楽のダウンロード・アップロードの時です。

ちなみに、光回線の導入によってパソコンの動作が速くなることはありません。光回線にして速くなるのは、インターネットの通信速度だけです。つまり、ホームページを開く速度が速くなるだけで、**パソコンの起動・終了やエクセル、ワードなどの動作には影響しません**。パソコンが遅い場合は、パソコンの設定やアプリを見直しましょう（P46）。

通信速度のちがいがわかるのは、動画などの大きなファイルのダウンロードの場合。天気やニュースの表示では、ちがいはわからない

通信速度の単位

bpsって何ですか？

bpsは、インターネットにおける通信速度を表す単位です。「ビット・パー・セコンド」の略で、例えば光回線の速度でよく使われる8Mbpsの場合、1秒間で1MB（メガバイト）のデータを表示できます。「8」と「1」の数字がちがうのは、8b（ビット）で1B（バイト）になるためです。多くのホームページは1MB以下でできているので、計算上、光回線であれば0.16秒で表示できるということになります。

	光	5G	ケーブルテレビ
通信速度	300Mbps	180Mbps	100Mbps
一般的なホームページ（1MB）	0.02 秒	0.04 秒	0.08 秒
10 枚（30MB）の写真を受け取る	0.8 秒	1.3 秒	2.4 秒
パソコンの起動	変化なし	変化なし	変化なし

ホームページがまったく表示されない

ホームページの表示が遅いだけでなく、表示されないんだけど！

ホームページがまったく表示されないという場合は、見ているホームページ側の問題であることが多いです。まずは時間をおいて、問題が解消されるのを待ちましょう。アクセスが集中してたくさんの人が見ている場合も、なかなか表示されません。

自分の側の問題としては、ホームゲートウェイや無線ルーターが不安定になっていることがあります。機器の電源をいったん切って、また入れると改善される場合があります。パソコンのメンテナンス不足やアドオン（P209参照）が原因のこともあるので、パソコンの設定（P46～参照）も見直してみましょう。

回線速度の測定方法

自分の家の回線速度を調べることはできるの？

インターネット上のサービスを利用して、自宅の**回線速度を調べることができます**。回線速度には上りと下りの2種類があり、重要なのは下りの方です。下りはダウンロードのことで、ホームページを見たり、動画を見たり、調べものをしたりする時の速度になります。上りはアップロードのことで、メールを送ったり、写真や動画を投稿する時の速度になります。

手順①

ブラウザの検索窓に「回線速度」と入力し❶、Enter キーを押す。表示された検索結果から「速度テストを実施」「回線の速度テスト」を（左）クリックする❷。

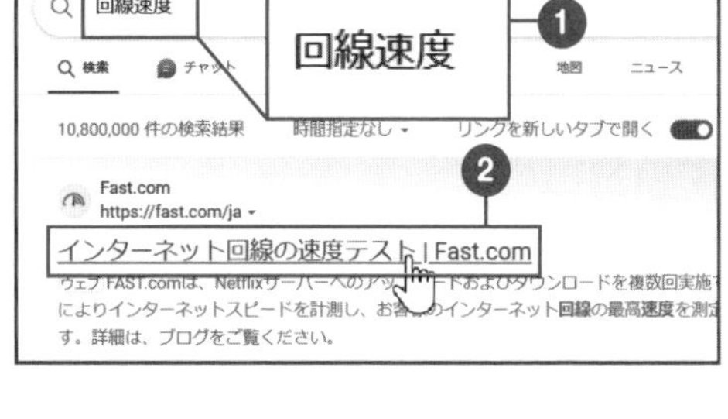

手順②

すると、回線速度の数値が表示される。

インターネットの表示速度が遅いのは、通信速度とは別の原因であることも多い。

インターネット料金を見直したい！

インターネットやスマートフォンの回線契約について、年に1度は家族で相談しましょう。

インターネットの通信料金は、パソコンに加え、スマートフォンやタブレットなどの利用にかかっている金額を合計すると、とてつもない額になります。電気代や水道代などで**節約している分が、一瞬で台無し**になるほどです。お金を節約するのであれば、まずは通信費の見直しから始めましょう。解約は無理でも、通信端末を上手に利用することで節約できる部分があります。**通信費の見直しは、生活スタイルが変わる3月上旬が特におすすめです**。学生にお得なキャンペーンも始まります。

通信費の見直しは、**回線速度と価格のどちらを優先するか**によって変わってきます。ここでは価格を抑える方法について考えてみましょう。最初に、家族全員の通信機器の台数と、通信費用を書き出してみます。通信費用を書き出したら、節約できそうな部分、通信方法が被っている部分を書き出します。自宅でインターネット回線を利用していて、かつ外出先でWi-Fi（ワイファイ）ルーターを利用している場合、最近ではカフェや駅、ファーストフード店、コンビニなどで無料でWi-Fiを利用できます。Wi-Fiルーターの解約を検討してもよいでしょう。反対に、自宅のインターネット回線を解約して、**ホームルーターやWi-Fiルーターのみの契約**にする方法もあります。

家電量販店で相談する

家電量販店や携帯ショップなどで、自分の家の契約内容について相談してもよいでしょう。何度か相談しているうちに、節約のヒントが見つかるかもしれません。ただし、通信回線の契約は慎重に行いましょう。「キャッシュバック」の代わりに2年間は解約すると違約金がかかるなど、実際は**毎月の通信費用に上乗せされ**分割で支払うため、かえって割高になることもあります。

格安SIMやシェアSIMを利用する

SIM（シム）とは、4G、5G回線に利用する小型の通信用カードです。スマートフォンやタブレットに挿入されています。大手のDocomoやauでSIMの契約を行っている場合、格安のイオンモバイルやUQモバイルに乗り換えることで大幅に安くできます。現在の回線を変えたくないという場合は、Docomoやauにも格安のプランが用意されているので、これを利用するのもおすすめです。また、SIMを共有する**シェアSIM**のあるサービスもおすすめです。

実際に安くなった実例

節約の結果、実際に通信費用が安くなった例を以下に紹介します。

■ ①佐藤さんの場合

佐藤さんは家電量販店でおすすめされるまま、パソコン購入と同時に光回線に加入、2年間使用を続けていました。セットでついてきた、無線回線で地震速報を受信できる端末が正常に動かないことから家族で相談。佐藤さんは光回線と地震速報機能付無線ルーターで月々6,000円を払い、それとは別にケーブルテレビでもインターネットに加入し、月々2,000円を支払っていることがわかりました。つまり、**自宅に2つのインターネット回線が引かれていた**ことになります。ケーブルテレビの契約だけを残し、光回線と無線ルーターを解約した結果、月々6,000円安くなりました。

■ ②飯野さんの場合

飯野さんは、携帯電話をスマートフォンに変更したものの使いづらく、あまり使っていませんでした。自宅のインターネット回線に加えて、娘さん用に4G回線のiPadがあり、自分もiPadの購入を検討中でした。そこで自分用のiPadを「回線なし」で購入して娘さんのiPadの4G回線を解約。同時に、自宅のインターネット回線も解約しました。iPadの通信料とインターネット回線を0円にした代わりに、Wi-Fiルーターを契約。その**Wi-Fiルーターでスマートフォンと iPad（2台）、そして自宅のパソコンを無線接続**することにしました。利用していなかったスマートフォンも活用することができ、月々6,000円安くできました。

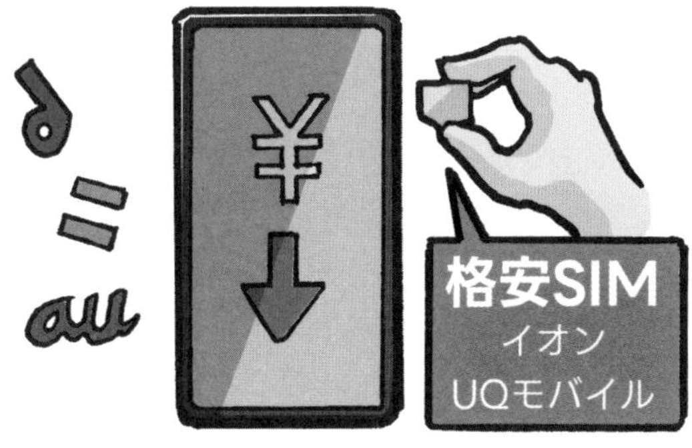

コラム

代理店の営業電話

ある日突然かかってくる「通信費用が安くなる」という営業電話。しつこいからと契約すると、通信費用が上がることがほとんどです。しかも家電量販店のような「4万円引き」のサービスも無いのに、2年間は解約ができません。通話料や電話基本料は安くなるものの、支払う総額は高くなるしくみです。まったく利用しないなら安いこともありますが、それなら加入する意味がありません。解約月を見逃すと自動延長となり、途中解約には違約金がかかる場合もあります。

節約するなら契約内容を調べて、通信費を見直そう！

無線LANやWi-Fi（ワイファイ）って何のこと？

Wi-Fiは、ケーブルをつなげず、電波を受信してインターネットに接続する無線通信の方式です。

無線によって接続されたネットワークのことを、ワイヤレスネットワークと言います。そして、無線による通信方式のことをWi-Fi（ワイファイ）と言います。パソコンだけでなく、プリンタやテレビ、ゲーム、スマートフォンなどもWi-Fiで接続することができます。Wi-Fiは、自宅内の無線LANと、屋外の公衆無線LANに分けられます。

自宅内の無線LANは、光回線が自宅まで引かれている状態で、**家の内側だけを無線化する**方法です。パソコンやプリンタなどを、ケーブルにつながずにインターネットに接続することができます。それに対して**公衆無線LANは、外出先のカフェや空港、駅など**で、無線でインターネットを利用する接続サービスのことです。場所によっては、無料で利用できる場合もあります。

自宅内の無線LAN

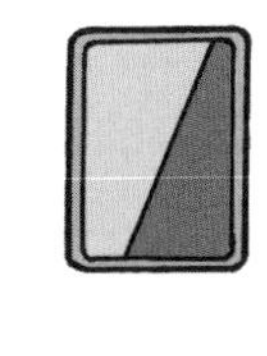

自宅内で無線LANに接続すれば、2階のパソコンから印刷したり、スマートフォンの通信量を節約したりできる

スマートフォンのモバイル回線

スマートフォンを介した接続って、どういうしくみ？

無線接続には、**4Gや5Gといった、モバイル回線を利用する方法**もあります。その場合、スマートフォンやモバイルWi-Fiルーターが必要になります。**スマートフォンの場合、テザリング**という機能を利用することによって、パソコンをインターネットに接続することができます。月々無料〜500円程度の追加料金で利用できます。また、モバイルWi-Fiルーターを使って4G、5G回線を利用する方法もあります。UQモバイルなどの**格安SIM業者と契約し、モバイルWi-Fiルーターを購入あるいはレンタル**して利用します。

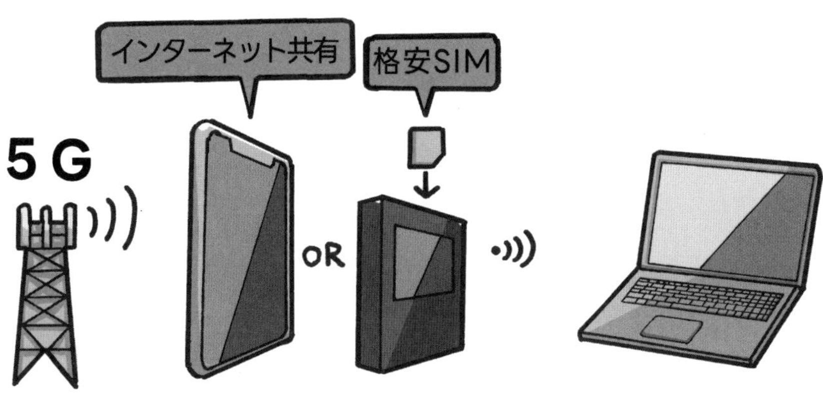

外出先からノートパソコンでインターネットに接続する場合、スマートフォンの「インターネット共有」、モバイルWi-Fiルーター、公衆無線LAN（前ページ）の3つの方法がある

無線接続には、無線LAN（Wi-Fi）やモバイル回線といった種類があります。

自宅で無線LANを使うには何が必要ですか？

自宅を無線化するには、無線ルーターが必要です。KEYを入力して接続します。

自宅を無線化するためには、親機となる無線ルーターが必要です。**家電量販店で購入するか、プロバイダーからレンタル**します。設定に不安がある場合、BUFFALO（バッファロー）やNECなどの有名メーカーの無線ルーターには、他の機器と**かんたんに接続できる「AOSS」や「らくらく無線スタート」機能**があります。指示に従ってボタンを押すだけで接続できるのでおすすめです。

無線LANにつなげる機器側には、子機の機能が必要になります。一般的なノートパソコンには、無線LANの**子機の機能が内蔵**されています。親機からの電波を子機で受け取り、パソコンをインターネットに接続することができます。パソコンに子機が内蔵されていない場合は、外付の子機を別途購入して利用します。

無線接続の大まかな手順

無線接続をする方法を教えて！

無線接続の設定をするには、AOSSやWPSを利用する場合は、付属のCD-ROMを利用して専用のアプリをインストールし、設定を開始します。KEYを入力する場合は、無線ルーターに記載されているKEYを確認し、下記の操作を行います。

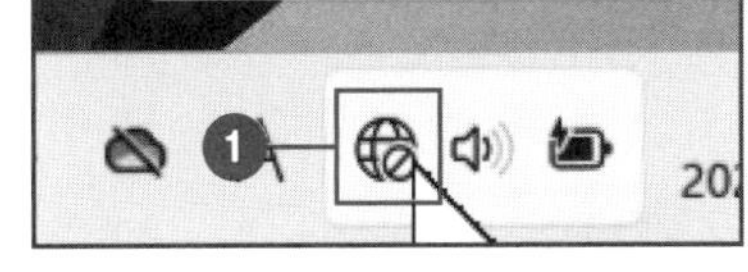

手順❶

デスクトップ画面右下にある通知領域のを（左）クリックする❶。

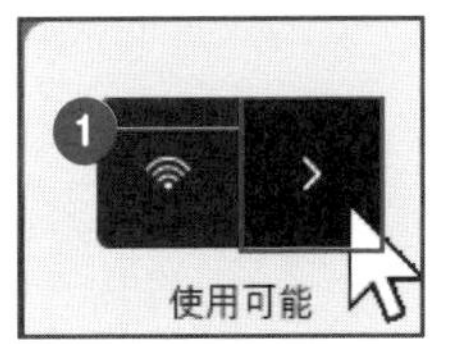

手順❷

「Wi-Fi接続の管理」を（左）クリックする❶。

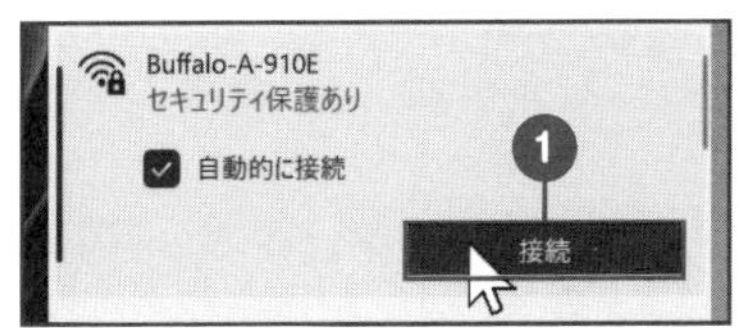

手順❸

「接続」を（左）クリックする❶。

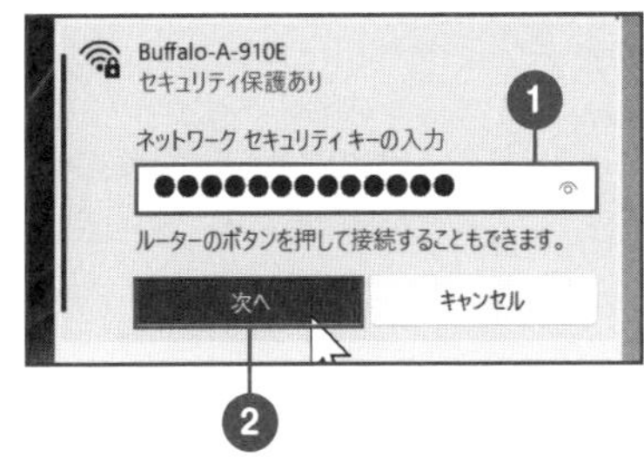

手順❹

ルーターにKEYと書いてある英数字を入力し❶、「次へ」を（左）クリックする❷。「自宅」か「外出先」かを選択し、「接続済み」と表示されれば完了。

無線接続には、「AOSS」や「らくらく無線スタート」などが搭載されたルーターがおすすめ。

インターネットが急につながらなくなった！

急にインターネットに接続できなくなったら、まずは状況を確認しましょう。

インターネットに接続できなくなった場合、状況に応じて対処していくことで解決することができます。

STEP1　インターネット接続の状況を確認する

デスクトップの通知領域から、インターネットの接続状況を確認します。

	有線でインターネットに接続されている
	無線でインターネットに接続されている
	インターネットに接続されていない → P182 の方法で無線 LAN に接続するか、ケーブルの差し込みを確認する

STEP2　光回線終端装置や無線ルーターの電源ケーブルを抜く

光回線終端装置や無線ルーターの電源ケーブルを抜きます。1分ほど待ってから、光回線終端装置、無線ルーターの順に、電源ケーブルを接続します。5分ほど待ってから、インターネットに接続できるかどうか試してみましょう。

STEP3　トラブルシューティングを試す

ブラウザを起動し、トラブルシューティングを試すこともできます。原因を自動で修復したり、接続できない理由を教えてくれます。

手順 1

ブラウザを起動し、「Windows ネットワーク診断の実行」を（左）クリックする❶。

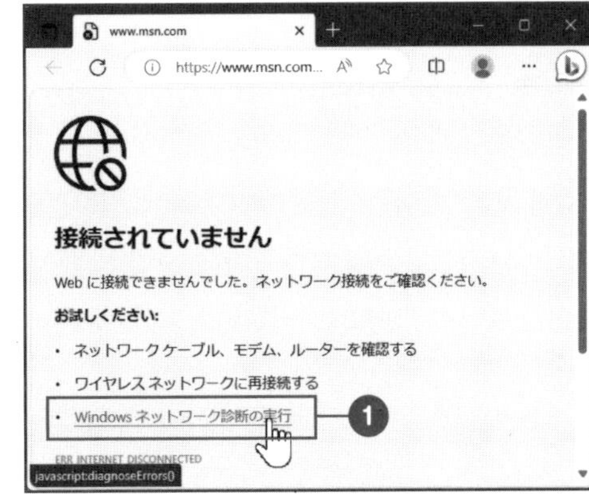

手順 2

自動で問題が検出され、修正方法のアドバイスが提案される。解決方法がある場合は、「この修正を適用します」を（左）クリックする❶。

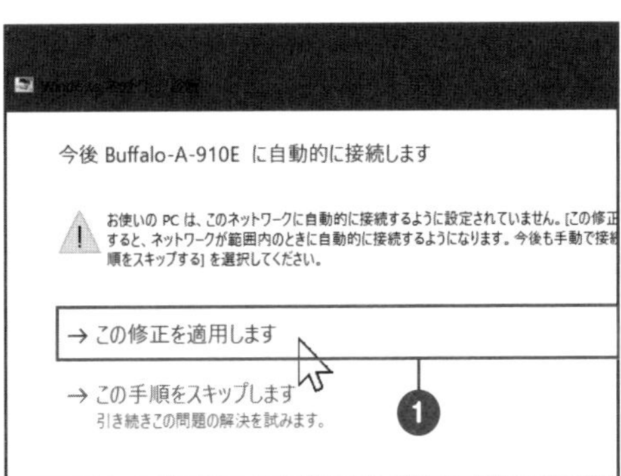

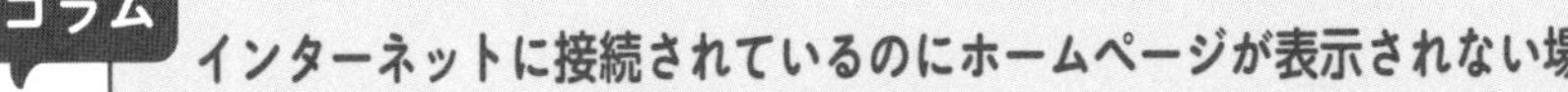

コラム

インターネットに接続されているのにホームページが表示されない場合

インターネットに接続されているのにホームページが表示されない場合は、F5 キーを押すか、C（再読み込み）を（左）クリックします。すると、ページが再読み込みされて表示される場合があります。

急にインターネットに接続できなくなったら、まずは状況を確認しよう。

インターネット 08

ブラウザって何ですか？

ブラウザは、ホームページを見るためのアプリのことです。

ホームページを見ることができるアプリのことを、ブラウザと言います。パソコンには、最初からMicrosoft Edge（マイクロソフトエッジ）というブラウザが入っています。Edge以外にも複数のブラウザがあり、インターネットからダウンロードして利用できます。いずれも無料で利用できるので、2つ目のブラウザとしてインストールしておくとよいでしょう。ブラウザには、以下のような種類があります。

■ Microsoft Edge（マイクロソフトエッジ）

Windows 10以降のパソコンにインストールされている、標準的なブラウザです。Microsoftアカウントでログインすることで、複数のパソコンでお気に入りを共有できます。

■ Chrome（クローム）

Googleが開発したブラウザです。動作が速く、Googleのメールサービスである Gmail（ジーメール）や、Android（アンドロイド）を搭載したスマートフォンなどとの連携ができます。拡張機能というしくみで、いろいろな機能を追加できます。

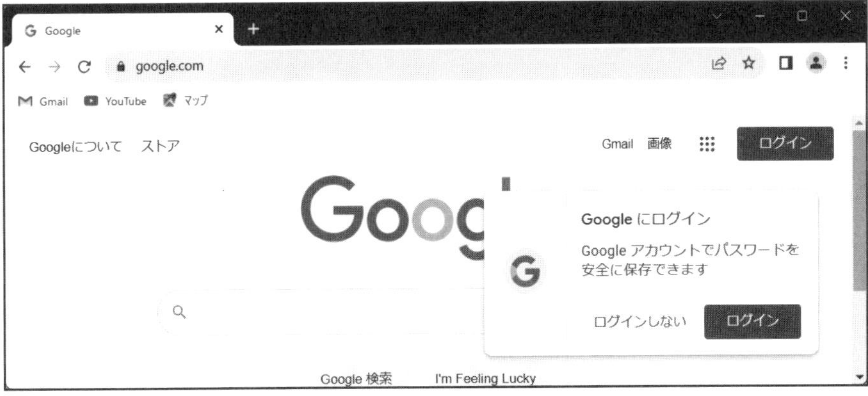

■ Safari（サファリ）

Appleが開発したブラウザです。MacやiPhoneで利用されています。

パソコンには、2つ目のブラウザを入れておこう。Chrome（クローム）がおすすめです。

インターネット

09 URLって何ですか？

URL（ユーアールエル）はホームページの住所のことで、アドレスとも言います。

URLは、インターネットで使用される、**ホームページの住所**のことです。例えば「http://www.google.co.jp」がURLになります。ブラウザのアドレスバーにURLを入力すると、そのURLにあるホームページが表示されます。最近は検索してホームページを探すことが多くなりましたが、本来はURLを入力して表示する方法が基本です。

http://	www.google	.co	.jp
①	②	③	④

①通信方式を表しています。「https://」で始まるURLの場合、入力する内容が暗号化されるので安心です。省略することもできます。

②サービス提供元の名前です。

③組織の種類を表します。
　例）co…企業　ne…ネットワーク　ac…大学　go…政府

④国を表します。②～④までを、ドメインと呼びます。
　例）jp…日本　uk…イギリス　kr…韓国　com…国の指定のない企業
　　net…国の指定のないネットワーク　org…国の指定のない非営利団体

お気に入りからのアクセス

URLは入力するのがたいへん！かんたんな方法はないの？

ホームページを表示するのに、URLを毎回入力するのはたいへんです。URLは目的のホームページを表示する確実な方法ですが、1文字でもまちがえると、表示されません。そこで、よく見るホームページを**登録しておくことで、URLを入力せずに呼び出すことができます。それが、「お気に入り」**の機能です。お気に入りに登録しておけば、次回からはURLを入力せずにホームページを表示することができます。
なお、それほど頻繁に表示するページでなければ、お気に入りに登録するのではなく、Yahoo！やGoogleなどの検索欄にホームページに関する**キーワードを入力して検索する方が速い**場合もあります。

手順 1
よく見るホームページを表示し、「お気に入りに追加」を（左）クリックする❶。覚えやすい名前を入力し❷、「完了」を（左）クリックする❸。

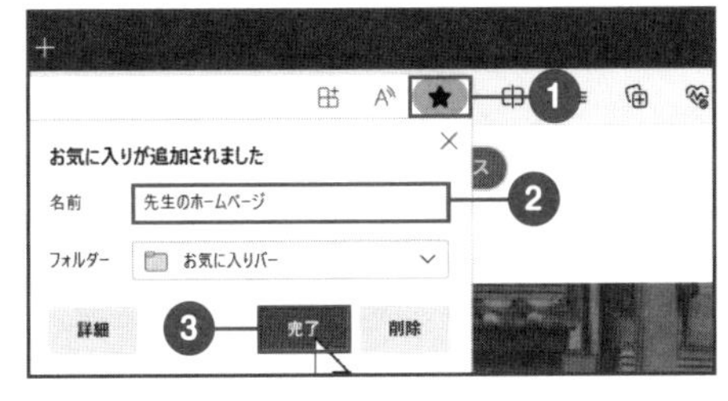

手順 2
「お気に入り」を（左）クリックする❶。「お気に入り」に登録したホームページの一覧が表示されるので、表示したいページを（左）クリックする❷。

URLはホームページの住所のこと。
お気に入りに登録すれば、入力の手間が省ける。

どうしてタダのサービスが多いの？

ホームページやサービスが、広告費によってまかなわれているためです。

インターネット上のホームページやサービスは、無料で提供されているものがたくさんあります。それらの多くは、**広告を掲載することで運営費用をまかなっています**。そのため、ユーザー側は無料でホームページを見たり、サービスを利用したりすることができるのです。ホームページをよく見ると、画面の周りに広告が配置されていることがわかります。

インターネット上の広告には、次のようなものがあります。下記の他にも、メールに広告が挿入されているものや、スマートフォン用のモバイル広告などがあります。よく見ると**小さく「PR」や「！」がついている**ので、見分けることができます。

検索型広告：GoogleやYahoo！などで、検索結果に紛れて表示される

バナー広告：画像タイプの広告

インターネット上の有料サービス

有料のサービスには、どんなものがあるの？

インターネット上のサービスは、無料のものばかりではありません。利用するのに費用が必要なサービスもたくさんあります。中には、一部の機能を無料で提供し、**1つ上の機能を使うためには有料会員として費用がかかる**しくみをとっているものもあります。例えばAmazonの場合、有料会員（Amazonプライム）になると、送料が無料になったり、映像、音楽が楽しめたりします。また、Yahoo！ニュースの有料記事や、現役のお医者さんに直接悩みを聞けるサービス（Ask Doctor）などもあります。ナビタイムという交通案内のサービスでは、基本的な乗り換え案内やルート案内は無料で、スマートフォンとの連携や、電車・バス・徒歩、飛行機を含めたルート案内は有料で提供されています。これらのサービスを利用するには、メールアドレスや名前、クレジットカード番号などを入力する必要があります。

コラム

無料のサービスでこんなことまでできてしまう

インターネットでは、無料で利用できるサービスがたくさんあります。動画を閲覧できるYouTube、AIに悩みを相談できるAIチャット（次ページ参照）、世界中の人とテレビ通話ができる「Zoom（ズーム）」（P202）、好みの音楽を流してくれる「Spotify（スポティファイ）」、画像を生成してくれる「Bing Image Creator（ビングイメージクリエイター）」などです。次ページの方法で検索して、利用できます。

インターネットの無料サービスは、広告費で運営されている。

検索で情報が見つからない！　探すコツは？

検索とAIチャット、画像検索を上手に活用しよう。

インターネットで調べ物をする際、これまではGoogleやYahoo！でキーワードを入力し、検索をしていました。しかしこの方法では広告が多かったり、たくさんのページが表示されすぎたりして、重要な情報を見つけづらいという欠点がありました。

一方、最近はAIチャットが登場し、情報を探しやすくなりました。AIチャットでは、聞きたい質問を入れれば、シンプルに答えが返ってきます。**検索とAIチャットを上手に使い分ける**のがおすすめです。

検索の使い方

検索を行えるサービスには、Yahoo！（ヤフー）やGoogle（グーグル）、Bing（ビング）などがあります。それぞれのページの検索窓にキーワードを入力して、検索を行います。また、検索結果の画面上部にある「画像」「地図」を（左）クリックすると、画像や地図を検索することができます。

■ **Yahoo！（ヤフー）**

検索結果の半分が広告です。

■ **Google（グーグル）**

検索結果がシンプルで見やすいです。

■ **Bing（ビング）**

情報が、種類別に分かれて配置されています。

AIチャットの使い方

AIチャットはどうやって使うの？

AIチャットを使うには、タスクバーのCopilot（コパイロット）やBingにアクセスします。情報の検索だけでなく、文章の要約や翻訳、物語の創作などもできます。

■ Copilotを使う

手順①
タスクバーの「Copilot」を（左）クリックする❶。

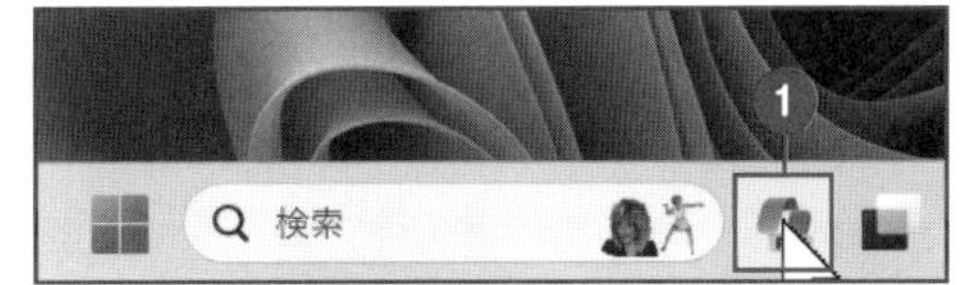

手順②
返答を「創造的に」「厳密に」「バランスよく」から選べる❶。質問を入力する❷。

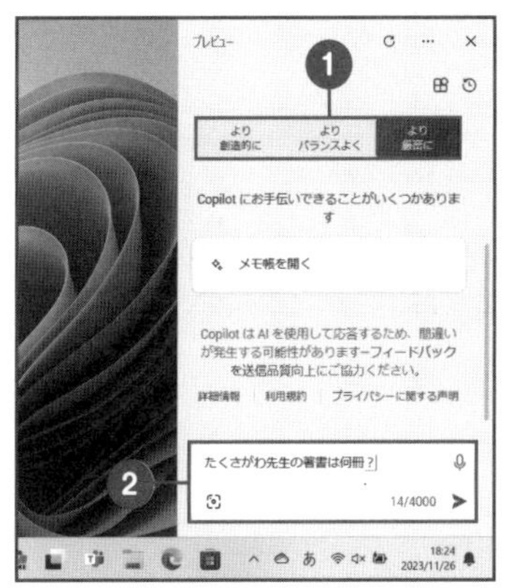

■ BingでAIを使う

手順①
「bing.com」にアクセスし❶、聞きたいことを文章で入力する❷。

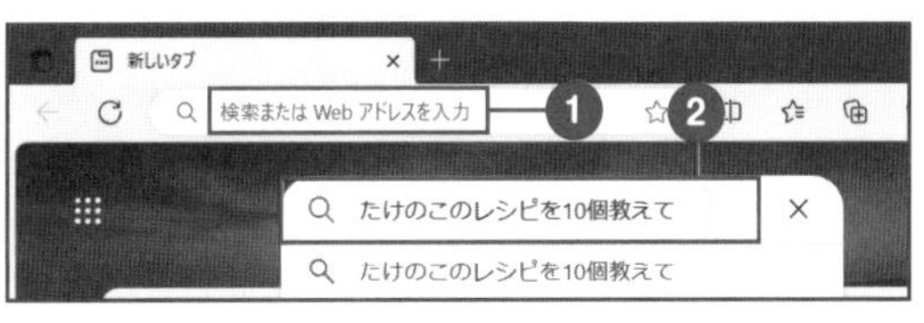

手順②
「COPILOT」を（左）クリックする❶。すると、AIから答えが返ってくる。

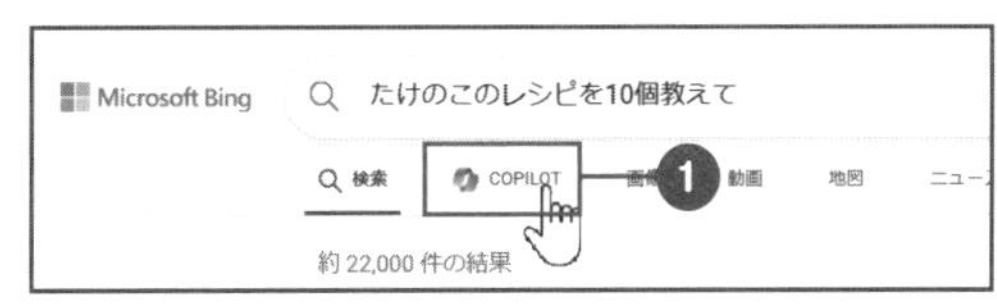

検索とAIチャットは、どう使い分ければよいの？

検索とAIチャットは、**探したい情報で使い分け**ます。見た目で確認したい場合は画像検索、移動や場所を探したい時は地図検索を使います。AIチャットは、お店や画像を探すのは苦手です。一方、広く知られている情報や意味を調べる場合はAIチャットを使うのがよいです。最新の情報はニュース検索やリアルタイム検索、マニアックな情報やいろいろな角度から検証する（AIチャットが正しかったか？など）には、通常の検索を利用します。

見た目で探すなら画像検索

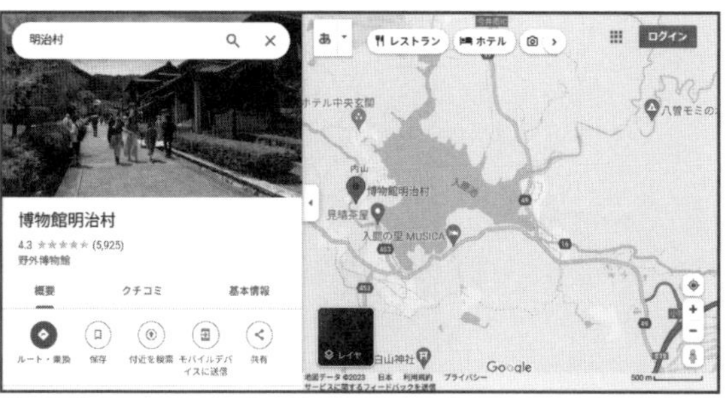

場所を探すなら地図検索

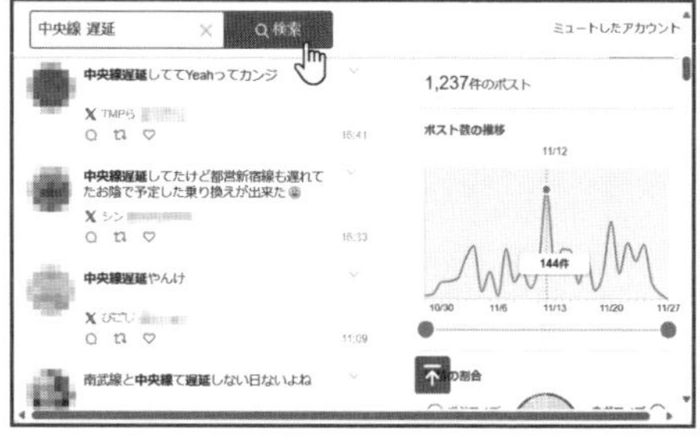

最新情報を探すならYahoo!のリアルタイム検索

AIチャットは便利だが、多角的な見方や正しい情報かを確認するには通常の検索がおすすめ。

インターネットに書かれていることは正しいの？

インターネットにウソが多いというのは本当です。

インターネットでは、誰でも情報発信ができるため、何かの意図があってウソの情報を流そうと思えば、いくらでもできてしまいます。「Wikipedia」というインターネット上の百科事典でさえ、**内容に偏りがないとは言えず**、詳しいと自負する有志が書き込んでいるため、内容がまちがっていたり、何らかの意図や思想が反映されていたりする可能性があります。AIチャットもまた、これらインターネット上の情報を利用して回答を行っているため、ウソの返事を出してくることがあります。インターネット上の情報は、次のような方法で正しいかどうかを必ず確認するようにしましょう。

①別のページを確認する

調べた情報について複数のページを見て比較し、同じことが書かれていれば、信憑性の高い情報です。また、出典元を参照してみましょう。

②古い情報でないか確認する

古い情報が、そのまま放置されていることがあります。情報の更新日時から、新しい情報かどうかを確認しましょう。変化が激しいインターネットの技術などは、なるべく新しい情報を探しましょう。

③本・雑誌・辞書と比較する

本や雑誌、辞書などでも調べて比較しましょう。

インターネット上の情報は、信憑性を常に疑うようにしよう。

インターネット

13 ツイッター、インスタグラム、YouTubeって何？

人と人が交流するための、ソーシャルメディアと呼ばれるサービスです。

ツイッター、インスタグラム、YouTubeといった言葉を聞いたことがあるでしょうか？　ツイッターは、140文字以内という短い文章を投稿するサービスで、2023年からX（エックス）という名前に変わりました。**インスタグラムは画像を投稿するサービス（以下の画面参照）、YouTubeは動画を視聴するサービス**です。これらはどれも、文章や画像、動画などを介して、人と人の交流の場を提供する、ソーシャルメディア（SNS）と呼ばれるサービスです。ソーシャルメディアは、手紙・電話・携帯電話に続くコミュニケーションの革命とも言われています。

交流ならメールですればよいのでは？　とも思いますが、大きくちがうのは、友達の友達といった距離のある人や、知らない人、不特定手数の人が投稿した文章や写真を見ることができ、積極的に交流できる場になっているという点です。また、**実名で利用するフェイスブック**のようなソーシャルメディアでは、名前や学歴、趣味で検索ができるので、懐かしい友人を見つけたり、同じ趣味の友人を見つけたりすることができます。

写真で交流するインスタグラムの画面

代表的なSNS

よく利用されているSNSには、どんなものがあるの？

■ X（エックス、元ツイッター）

140文字以内の文章を投稿できます。ちょっとした思いつきや、今何をしているかや、テレビやラジオの感想などを投稿するのに利用されます。Xへの投稿を検索する際は、Yahoo！のリアルタイム検索が便利です。

■ インスタグラム

写真を投稿して交流するサービスです。若年層を中心に利用されています。24時間で消えるストーリーズや、リールというショート動画を投稿できる機能もあります。

■ YouTube

様々なジャンルの動画を投稿したり視聴したりできるサービスです。

X（エックス）やインスタグラム、YouTubeは、インターネットで交流を行うためのサービス。

インターネット
14

メールを送るアプリは何を使えばよいの？

メッセージをやり取りできるサービス、アプリは無数にあります。

パソコンで利用できるメールアプリ（メーラーとも言います）には、たくさんのものがあります。スマートフォンやiPadなども含めると、さらに増えることになります。一方、最近ではメールアプリ以外にも、メッセージのやり取りができるサービスが数多く生まれています。LINE（ライン）やTeams（チームズ）、ツイッター（X）やインスタグラムなどのソーシャルメディアもまた、メッセージをやり取りできるアプリの1つです。

■ Microsoft Outlook（マイクロソフトアウトルック）

マイクロソフトオフィスに付属する有料のメーラーです。スケジュール管理等もできて高機能です。安いパソコンには入っていない場合もあります。

■ Outlook.com／Gmail

ブラウザを使ってメールの送受信を行います。複数のパソコン、スマートフォンから利用できます。迷惑メールを排除するフィルタリング機能が優秀です。

■ Outlook for Windows（旧「メール」）

Windowsに最初から入っています。「メール」アプリが、2024年に「Outlook」という名前に変更されました。

■ 開発を終了したメーラー

かつてWindowsに搭載され、今では開発が終了しているメーラーとして、Outlook Express、Windowsメール、Windows Liveメールなどがあります。

メールアプリ以外のメッセージツール

メールアプリ以外にどんなサービスがあるの？

メールアプリ以外でメッセージを送ることのできるツールには、LINEやSkype、Zoom、SMSなどがあります。これらのメッセージツールは、**履歴を残したり過去のメッセージを探すことが不得意**です。そのため、これらのツールは気軽なやり取りに利用し、重要な連絡にメールを使うのがよいでしょう。

■ **LINE（ライン）、Skype（スカイプ）**

お互いのパソコンにアプリを入れて、メッセージのやり取りや音声通話、テレビ電話ができます。相手が登録していないと、メッセージのやり取りはできません。複数の人どうしでのやり取りも可能です。

■ **Zoom（ズーム）、Teams（チームズ）**

アプリまたはブラウザを使って、ビデオ通話や音声通話ができるサービスです。詳しくはP202を参照してください。

■ **ソーシャルメディアのメッセージ機能**

X（エックス）やインスタグラム、フェイスブックといったソーシャルメディアには、メッセージをやり取りする機能があります。アプリがなくても、ブラウザで利用できます。複数の人どうしでのやり取りも可能ですが、相手が登録していないとやり取りはできません。

■ **SMS（ショートメッセージサービス）、＋（プラス）メッセージ**

電話番号を使ってメッセージをやり取りするアプリです。相手の携帯電話の番号がわかっていれば送信できます。SMSによっては、1通3円～など、有料の場合があります。＋メッセージは、無料で送信できます。

インターネット

15 大きいファイルもメールで送れる？

20MBを超えるファイルは、送れないこともあります。

メールにファイルを添付して送ろうとして、うまくいかないことがあるかと思います。自分と送る相手の間でメールのデータを仲介してくれるメールサーバーには容量の制限があり、20MBを超えるファイルを送れない場合があります。どのくらいのサイズのファイルまで送れるかは、プロバイダーやサービスによって異なります。メールに添付して**送れるデータは10MB以内**に収めるというのが、一般的な考え方です。

10MBを超えるファイルを送る場合は、大容量のファイル送信サービスを利用するのがおすすめです。1GBを超えるような、大容量のファイルを送ることができます。よく利用されているサービスに、**「データ便」「ギガファイル便」「ファイヤーストレージ」**などがあります。ただし、ファイル送信サービスを使って個人情報やパスワードが含まれたファイルを送る場合は、安全のため、ファイルにパスワードをかけるようにしましょう（P230参照）。

「データ便」の利用方法は、以下の通りです。

手順①

「データ便」のホームページにアクセスし❶、ファイルを選択する❷。

手順 ②

必要に応じて有効期間やパスワードなどを設定し、「ファイルをアップロード」を（左）クリックする❶。

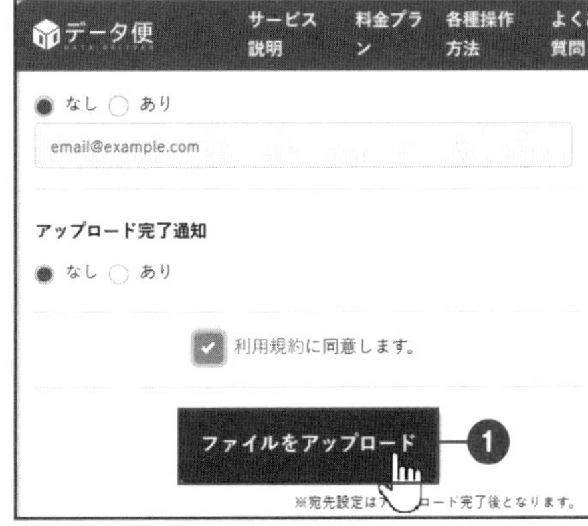

手順 ③

ダウンロードURLをコピーして❶、メールに貼り付ける。

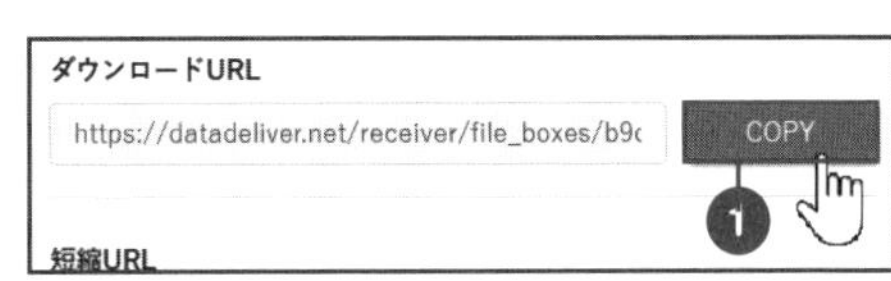

手順 ④

「宛先入力画面へ」を（左）クリックすると、「データ便」の画面から直接メールを送ることもできる。

宛先（最大0名）
宛名
ちぇりー
さん
宛先（Email）
cherry@hotmail.com
取り消し
宛先を追加

コラム

広告に注意

操作の途中で、見分けにくい広告が表示されることがあります。不正アプリが入ったり、詐欺の画面（P219参照）が出たりすることもあるので注意が必要です。

10MB以上の大きいファイルを送る場合は、大容量送信サービスを利用しよう！

ビデオ通話って何？どうやって始めるの？

ビデオ通話には、利用者数の多いZoomがおすすめです。

パソコンでビデオ通話をするには、Zoom（ズーム）やTeams（チームズ）といったアプリを利用します。どちらも、ブラウザを使って利用することもできます。Zoomで招待を受けた場合の利用方法は、以下の通りです。

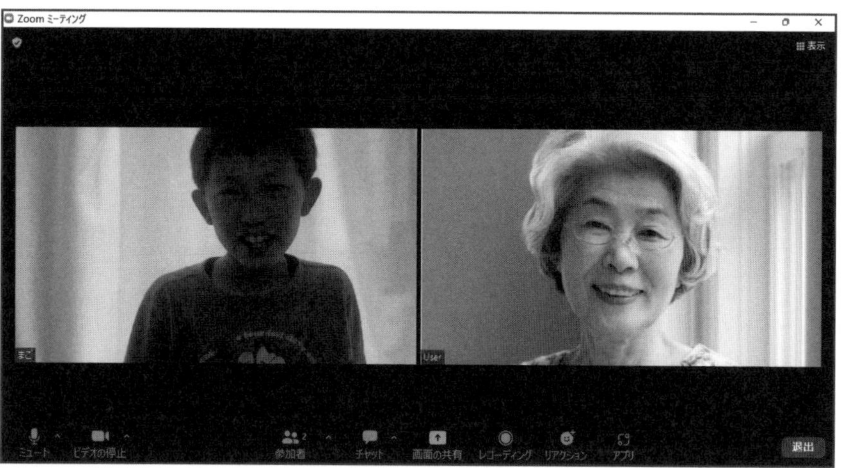

手順①

メールやメッセージで届いた、ビデオ通話のURLを（左）クリックする❶。

手順②

「開く」または「Join from Your Browser」を（左）クリックする❶。

このサイトは、Zoom Meetings を開こうとしています。

https://us02web.zoom.us では、このアプリケーションを開くことを要求しています。

☐ us02web.zoom.us が、関連付けられたアプリでこの種類のリンクを開くことを常に許可する

❶ 開く　キャンセル

手順 ❸

名前を入力し、「参加」を（左）クリックする❶。「完了」を（左）クリックする。

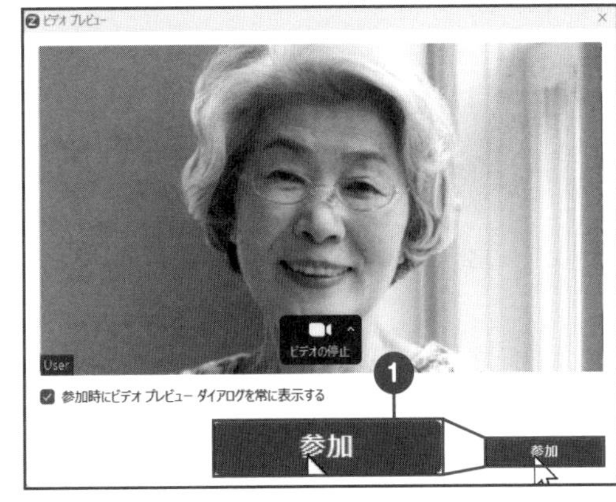

手順 ❹

ビデオ通話が開始されたら、「ビデオを開始」や「コンピューターオーディオに参加する」を（左）クリックし❶、「許可する」を（左）クリックする。

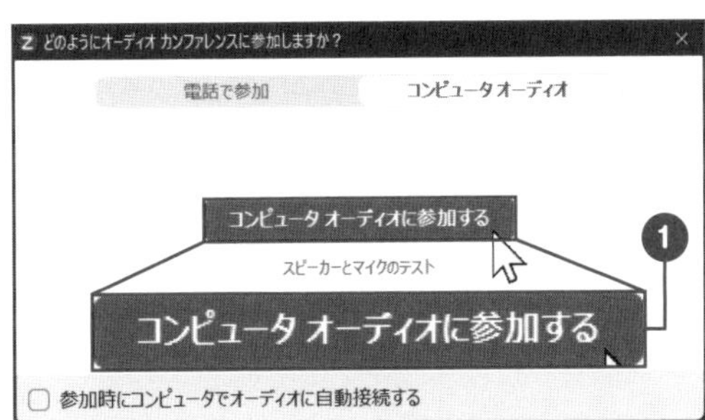

コラム

Zoomをダウンロードする

ビデオ通話に相手を招待したい場合は、アプリが必要です。Zoomならzoom.usにアクセスし、最下部の「ダウンロード」から「Zoomデスクトップクライアント」を（左）クリックして、ダウンロードとインストールを行います。

ビデオ通話は、メールで送られてきたURLを（左）クリックするだけで参加できる。

コラム

仮想空間やメタバースの新世界

ビデオ通話やSNS以外のコミュニケーションの方法として、仮想空間でアバターと呼ばれる分身を使ってやりとりを行う、メタバースがあります。アバターを使ってコミュニケーションを行うため、実際の性別や国籍、見た目などに関わらず、同じ趣味や考えの人との間でコミュニケーションができます。メタバースには、次のような特徴があります。

- アバターと呼ばれる分身を作成し、アバターどうしでコミュニケーションをする
- 世界中のどの場所にいても、リアルタイムでコミュニケーションができる
- コミュニケーションは音声、チャット、ゲームなどで行う
- 顔出しが必要ない
- メタバース上で、洋服や土地などの売買ができる

代表的なメタバース

- cluster

無料で利用できる国産の有名なメタバースです。

- XR WORLD

無料で利用できるNTTドコモのメタバースです。

- Metalife（メタライフ）

90年代のロールプレイングゲームのような見た目のバーチャルオフィスです。

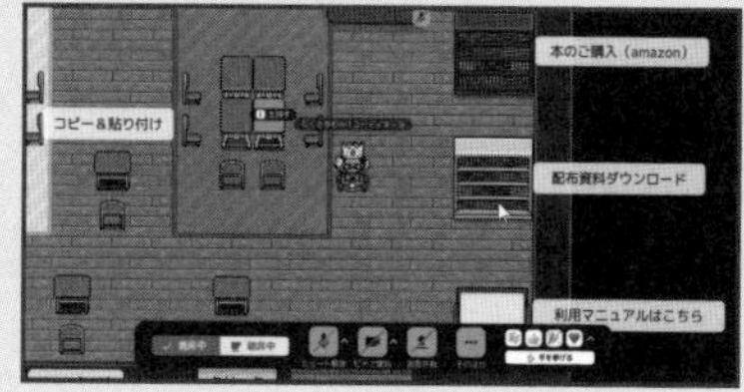

第7章

セキュリティの「困った！」「わからない！」に答える

パソコンを使っていて心配なのが、セキュリティの問題です。本章では、知っておくと未然にトラブルを防げるセキュリティの知識を解説しています。1つ1つ丁寧に読んで、安心してパソコンライフを楽しみましょう。

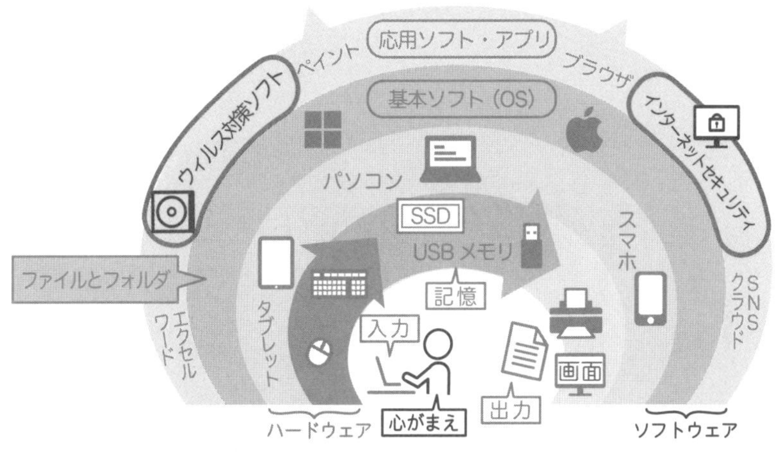

インターネットは何が危険なの？

わからないことが多いと、怖いと思いがちですが、注意して利用すれば安心です。

インターネットには、危険なことが多くあるのは事実です。ですが、過度に恐れる必要はありません。インターネットのよくある危険には、次のようなものがあります。あらかじめどんな危険があるのかを知っておくことで、トラブルを未然に防ぐことができます。ネットショッピングにおけるトラブルや架空請求については、P222～をご覧ください。

■ なりすまし

なりすましには、**アカウントを盗用する方法**と、あなたの**パソコンを遠隔操作する方法**があります。アカウント（P226）が盗用されると、あなたが利用しているサービスにログインし、個人情報を見たり、商品を購入されてしまうことがあります。身に覚えのない購入確認メールが届いた時点で、キャンセルとアカウントの停止を行うなど、すばやく対処することが大切です。遠隔操作によるなりすましでは、あなたのパソコンに遠隔操作のアプリを入れ、他のパソコンを攻撃する際の踏み台として使います。よくわからないアプリは、実行しないようにしましょう（P77参照）。

■ フィッシング詐欺

銀行やショッピングサイトを装ったメッセージを送ったり、広告として表示させたりして偽のサイトに誘導し、ID、パスワードや金銭を盗み取る手口です。偽のサイトは本物とまったく同じデザインで作られているので、見た目では本物かどうかがわかりません。大手の知っている会社だから100%安全と勘違いし、むやみに個人情報などを入力しないようにしましょう。ブラウザに警告メッセージが表示されることもあるので、注意深く確認しましょう。

■ サポート詐欺

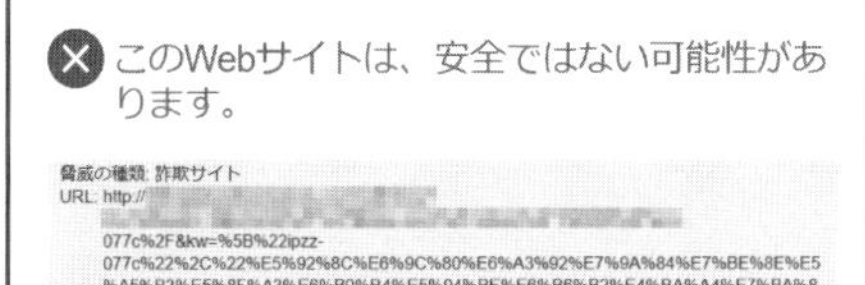

本当のセキュリティ対策ソフトでは、「ブロックしました」や「安全ではありません」と表示されます

パソコンがウイルスに感染したかのようなウソのメッセージを表示して、電話を掛けさせる手口です。パソコンに突然表示される**「感染しました」は、ウソのメッセージ**と思ってまちがいありません。本当のセキュリティ対策ソフトの場合は、「感染しました」ではなく「ブロックしました」と表示されます。

個人情報の流出

個人情報の流出が怖いんだけど？

パソコンから流出する可能性のある個人情報には、次のようなものがあります。

■ 個人情報

氏名／性別／生年月日／住所／携帯電話番号／写真／要配慮（人種、信条、病歴など）

■ 信用情報（より重要な情報）

クレジットカード番号／口座番号／年収／公共料金等の支払い情報

個人情報はどこから流出するの？

個人情報が流出する経路には、さまざまなものがあります。情報を管理・保有している側からの流出がもっとも多く、以下のようなものがあります。

■ **ネットショップ**

ほとんどのネットショップでは、入力される内容が暗号化されてるため、情報を盗みとるのは困難です。しかし、**スタッフのミスや意図的な流出**も考えられます。店舗の信用性が疑われる場合は、取引を控えましょう。

■ **懸賞サイト**

懸賞サイトの中には、個人情報を取得することが目的のものもあります。利用規約をよく読んで、個人情報の取り扱いについて確認しましょう。誰もが知っている有名な会社で、かつ個人情報を**懸賞用途のみに利用する**という記載があれば、安心です。

■ **インターネットカフェからの流出**

誰もが気軽に利用できるインターネットカフェでは、不特定多数の人が同じパソコンを利用します。入力履歴などを記録するプログラムが仕込まれていた場合、そこから個人情報を盗み取られる危険性があります。

■ **ソーシャルメディア（SNS）、ブログ、アプリからの流出**

ソーシャルメディア（SNS）（P196参照）やブログ、アプリから、個人情報やそれにつながる情報が盗まれることがあります。ソーシャルメディア（SNS）では、情報の公開、非公開の設定を確認しましょう。また、「設定」の「プライバシー」を確認すると、アプリがアクセスできる機能を確認できます。不特定多数の人に公開されている可能性を理解し、個人情報の入力は控えましょう。

パソコン内のデータが流出することはないの？

通常、パソコン内のデータはインターネット側から侵入できないよう、ファイヤーウォールなどの防止機能によって守られています。その上で、以下の点に注意が必要です。

■ パソコンを直接盗まれる

インターネットからではなく、パソコン自体を盗み取られたり、**席を外している間に情報を盗み取られる**ことがあります。スマートフォンにも、個人情報や信用情報、友人の個人情報などが入っています。情報を盗み取られないよう、パスワードをかけておきましょう。

■ アドオンや拡張機能

ブラウザには、アドオンや拡張機能と呼ばれる、機能を追加したり強化したりする機能があります。このアドオンや機能拡張を悪用することで、データを流出させるものがあります。見慣れない機能は、右クリックして「削除」しておきましょう。

■「パブリックのドキュメント」フォルダー

Windowsパソコンには、「パブリックのドキュメント」フォルダーが用意されています。これは、**他のパソコンとの間でファイルを共有するためのフォルダー**です。共有フォルダーに、個人情報が入ったファイルを保存しないようにしましょう。詳しくはP214を参照してください。

インターネットやパソコンに関するいろいろな危険を知って、セキュリティの意識を高めよう。

セキュリティ対策をするには？

セキュリティ対策アプリを導入し、使い方を覚えれば安心です。

セキュリティ対策をまったく行っていないパソコンは、ウイルスに感染するおそれがあるだけでなく、さまざまな危険に会いやすくなります。**セキュリティ対策アプリには、不正侵入や迷惑メール対策、フィッシング対策**などの機能が揃っています。セキュリティ対策アプリを導入して、パソコンの安全性を高めましょう。セキュリティ対策アプリには、以下のようなものがあります。

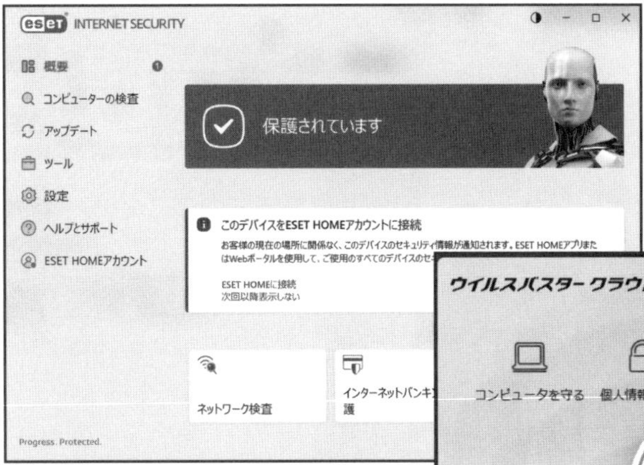

ESET インターネットセキュリティ

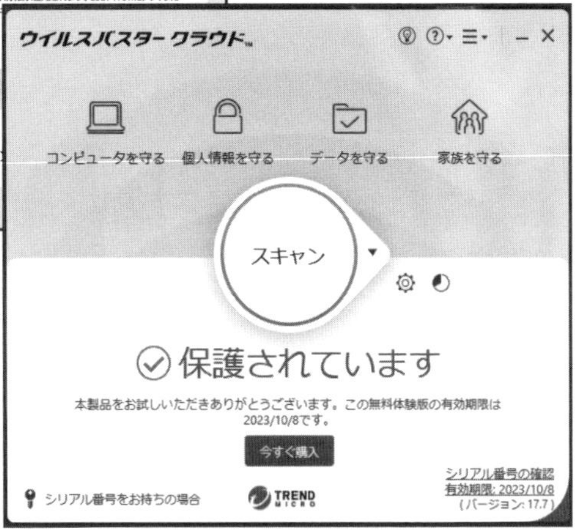

ウイルスバスター

セキュリティ対策アプリの入手

セキュリティ対策アプリはどこで手に入るの？

セキュリティ対策アプリは、家電量販店で購入するか、インターネットからダウンロードします。その際に**プロダクトキーが発行されるので、大切に保管**しておきましょう。無料のセキュリティ対策ソフトもありますが、安全性を考えると、有料の総合セキュリティ対策アプリであるESETスマートセキュリティやウイルスバスターがおすすめです。セキュリティ対策ソフトは、**通知領域で動作状況を確認**できます。通知領域からセキュリティ対策アプリを起動して、ウイルスに感染していないか検索することができます。セキュリティ対策ソフトは、定期的にアップデートを行うことが重要です。

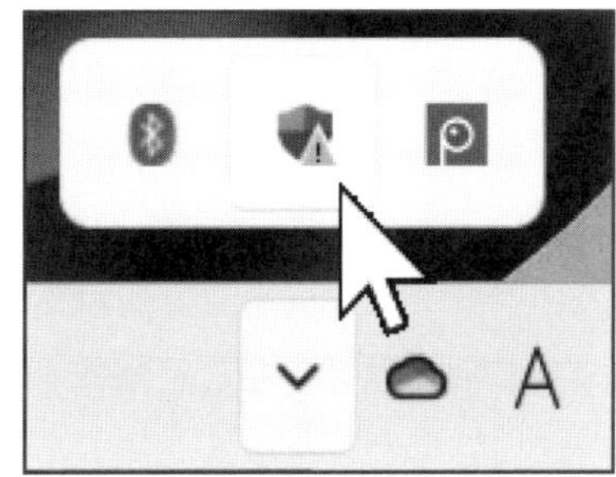

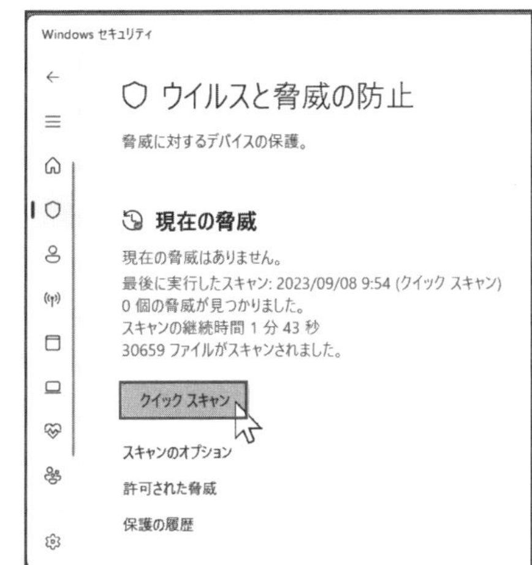

セキュリティ対策アプリを導入し、定期的にアップデートを行いましょう。

子供にインターネットを見せてもよいの？

子供にはじめてインターネットに触れさせるには、パソコンが最適です。

子供にインターネットを見させてもよいか、悩む方も多いでしょう。インターネットでは、本人が意図することなく、不適切な画像や有害情報に触れてしまうことがあります。まちがった情報に触れてしまった場合、それが本当かウソかを判断するのも、子どもには難易度が高いでしょう。

しかし、これらの問題はパソコン特有のものではなく、スマートフォンでも同じです。スマートフォンは使っている様子を確認できませんが、パソコンは親が**隣で見ていることができるため、事前に問題を防ぐことができます**。

子供にはじめてインターネットに触れさせる場合は、パソコンの方がおすすめです。

パソコンにもスマートフォンにも、有害サイトをブロックするフィルタリング機能が搭載されています。これを利用してもよいのですが、子供の判断力や現実に対処する力を養うため、あえてフィルタリングを利用せず、対処方法を学んでいくのも1つの方法です。**家族の間でインターネットの利用について話し合うことも大切**です。

具体的には次のような方法で、子供とインターネットの関係に対処するのがおすすめです。

■ Family Safety（ファミリー セーフティ）を利用する

Windowsには、子どものパソコン利用を制限できる機能がついています。利用時間の監視や制限、不適切なWebサイトをブロックするフィルタリングなどの機能があります。スマートフォンやiPadにも入れることができます。

■ **履歴を確認できることを伝える**

ホームページを閲覧すると履歴が残るので、どんなページを見たかわかるということを子供に伝えます。それにより、有害サイトを見ることを減らせます。Edgeで閲覧履歴を見るには、「…」❶→「履歴」❷→履歴を確認したい日付の順に（左）クリックします。すると、履歴の一覧が表示されます。

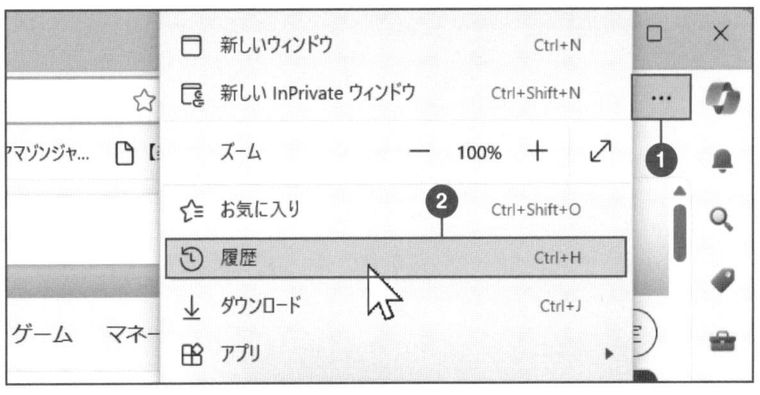

■ **「13歳の息子へ　iPhoneの使用契約書」で検索する**

「13歳の息子へ　iPhoneの使用契約書」は、インターネットで話題になった、母親が息子にiPhoneをプレゼントした際の愛ある契約書です。**コミュニケーションをとりながら親子でルールを決め、守らなければ厳しく**…というよい例です。詳しくは、実際に検索してみてください。

履歴を見られることを伝え、さまざまな現実への対処方法を学んでいく機会にしよう。

Wi-Fiに接続したパソコンの中身はのぞかれてしまうの?

外部の無線LAN(Wi-Fi)では、設定によってのぞかれる危険があります。

駅や空港、カフェなどでは、無線LANを無料で利用できる場所があります(フリーWi-Fi)。無料でインターネットに接続できるので便利ですが、同じ無線LANを利用している人に、自分のパソコンの中身を覗かれてしまうおそれがあります。パソコンでは、ネットワークにはじめて接続した際に、その環境が**自宅や会社(プライベート)なのか、公共の場所(パブリック)なのかを選ぶ**ことができます。公共の無線LANに自宅や会社として接続した場合、**共有フォルダーの中身が公開された状態**になってしまいます。
フリーWi-Fiに接続する場合、KEYが不要だったり管理者が不明な場合は、危険度が増します。接続中にクレジットカードや個人情報を入力することは控えましょう。また、どんなサイトに接続しているのかが知られてしまうこともあるので、注意が必要です。

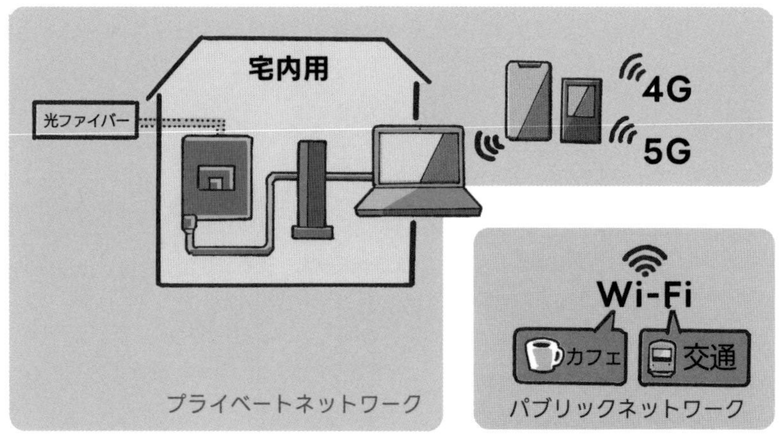

接続するネットワークごとに、プライベートかパブリックか設定を変える

接続状況の確認

ネットワークの接続状況がプライベートになっているかパブリックになっているかは、次の方法で確認、変更ができます。

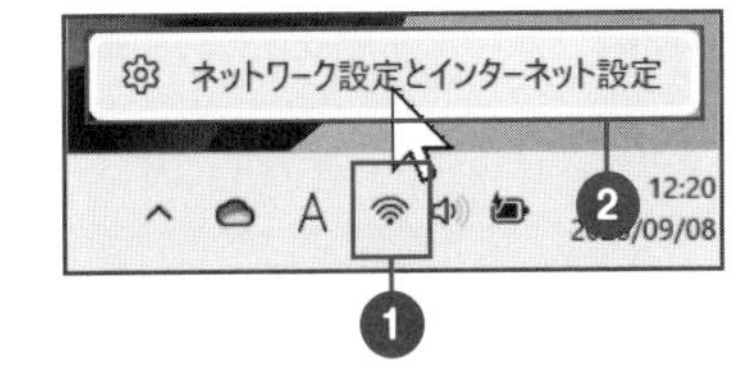

手順①
通知領域の「インターネットアクセス」を右クリックし❶、「ネットワーク設定とインターネット設定」を（左）クリックする❷。

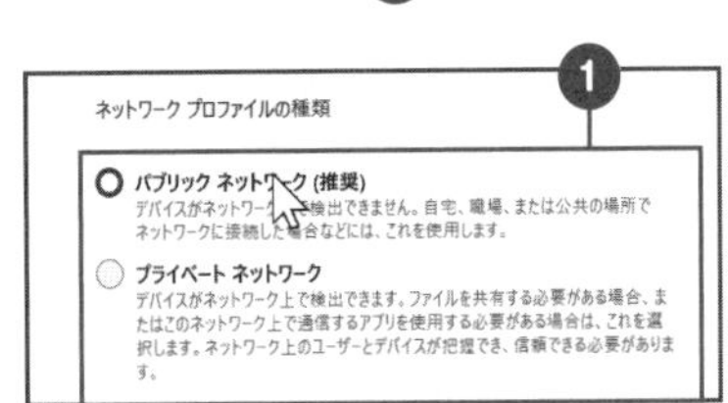

手順②
「接続プロパティの変更」を（左）クリックして、自宅や会社用の「プライベートネットワーク」か外出先の「パブリックネットワーク」かを確認・変更する❶。

この方法で「プライベートネットワーク」に設定すると、無料の無線LAN環境で、プリンタやファイルの共有ができなくなります。次の方法で、共有を有効にすることができます。

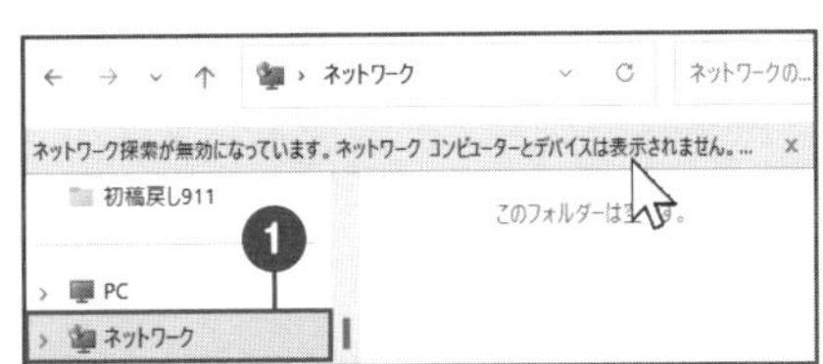

手順①
タスクバーの「エクスプローラー」を（左）クリックし、左側の「ネットワーク」を（左）クリックする❶。

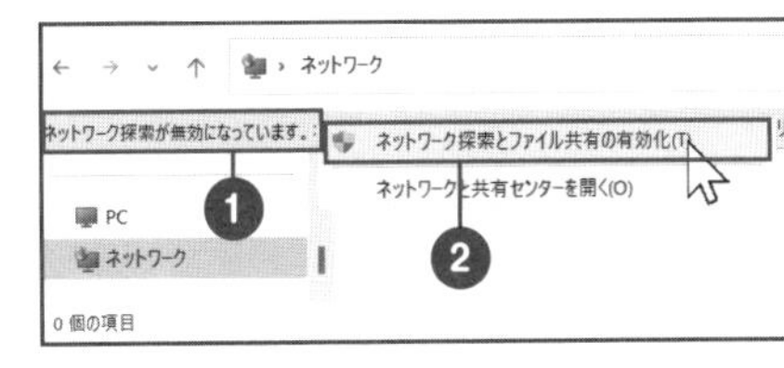

手順②
アドレスバー下のメッセージを（左）クリックし❶、「ネットワーク探索とファイル共有の有効化」を（左）クリックする❷。

フリーWi-Fiを利用する場合は、個人情報の入力は控えよう。

閲覧履歴って何？履歴を残さない方法は？

InPrivateウィンドウを利用すれば、閲覧履歴は残りません。

インターネットで見たホームページの記録は、閲覧履歴として保存されています。閲覧履歴から、以前見たホームページを表示することもできます。閲覧履歴を残しておきたくない場合は、以下の方法で消去することができます。

手順①

Edgeで閲覧履歴を削除するには、「…」を（左）クリックし❶、「履歴」を（左）クリックする❷。

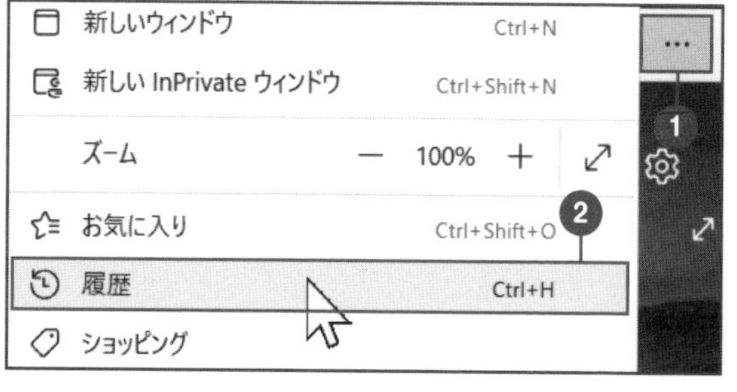

手順②

「閲覧データをクリア」を（左）クリックする❶。これで、すべての履歴が削除される。

閲覧履歴を残さないInPrivateウィンドウ

閲覧履歴を残さずパソコンを使いたいんだけど…

会社やインターネットカフェなど、複数人でパソコンを共有して利用する場合、インターネットの閲覧履歴は残したくないものです。また、買い物をしたり会員登録をするなど、個人情報を入力する必要がある場合も、入力した情報を残したくありません。このような時は、**InPrivate（インプライベート）ウィンドウを利用するのがおすすめ**です。

また、インターネットで**検索して探した商品や購入した商品に関連する広告が表示される**ことがあります。これは、クッキーと呼ばれる機能によって、商品の情報がパソコンに残っているためです。InPrivateウィンドウを利用すれば、こうした情報を残さずにインターネットを利用できます。

InPrivateウィンドウは、以下の方法で有効にすることができます。いったんEdgeを終了すると無効になるので、その場合はあらためて有効にする必要があります。

手順①

Edgeの「…」を（左）クリックし❶、「新しいInPrivateウィンドウ」を（左）クリックする❷。

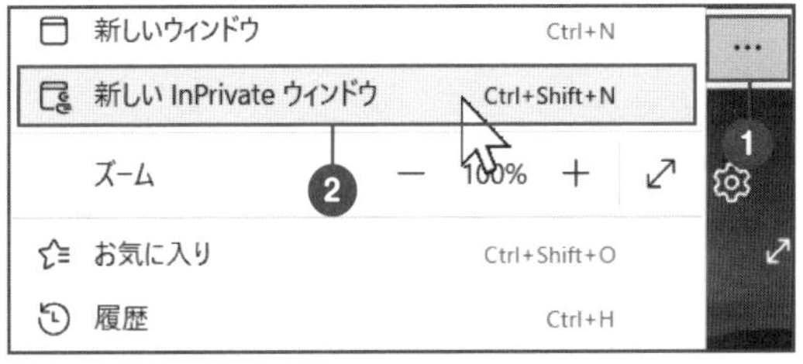

手順②

アドレスバーから検索するかURLを入力して、インターネットを利用する。

履歴を残したくない場合は、InPrivateウィンドウを利用しよう。

「危険にさらされています」と表示される…

しばらくすると更新が開始され、メッセージが表示されなくなります。

コンピューターウイルスは、日々新しいものが登場し、膨大な数のウイルスや詐欺の手口が生まれています。新しいウイルスからパソコンを守るためには、セキュリティ対策アプリやWindowsを更新し、最新の状態にしておく必要があります。パソコンの電源を入れた直後に「危険にさらされています」と表示された場合も、インターネットに接続され、セキュリティ対策アプリの契約がしっかり行われていれば、しばらくすると**更新が開始され、危険を知らせるメッセージが表示されなくなります**。セキュリティ対策アプリが最新かどうかは、P211の方法で確認できます。

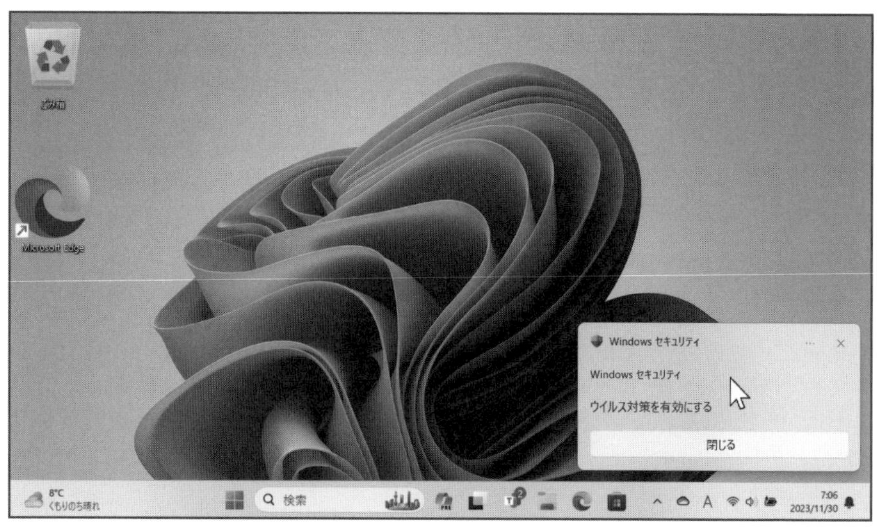

更新やウイルス対策、セキュリティに関するメッセージ

わずらわしいブラウザの通知を停止する方法

急に表示されるメッセージを停止できないの？

インターネットを使っていると、いきなりメッセージが表示されることがあります。これは「通知」と呼ばれるメッセージで、ホームページの閲覧中にまちがって「許可」してしまった際に起こります。わずらわしいと感じる場合は、以下の方法で通知を停止しましょう。

表示された通知の「…」または「歯車のマーク」を（左）クリックし❶、「○○の通知をオフにする」を（左）クリックします❷。

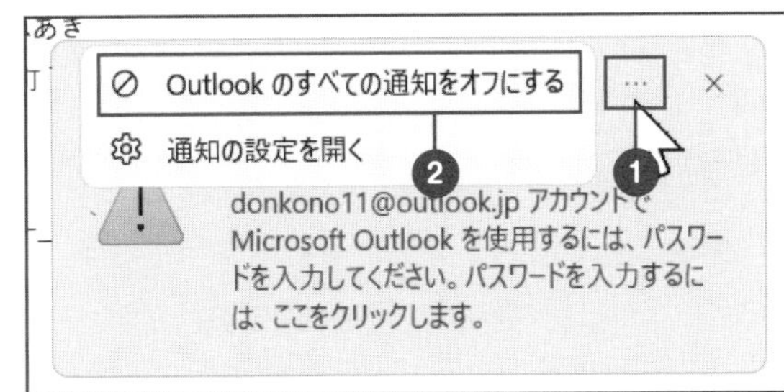

まれに、ニセのメッセージが表示されることもあります。最近流行の、サポート詐欺の可能性が高いです（P.222参照）。その場合は、慌てず無視しておけば大丈夫です。**記載されている電話番号に電話をかけるのは危険**なので、絶対にやめましょう。

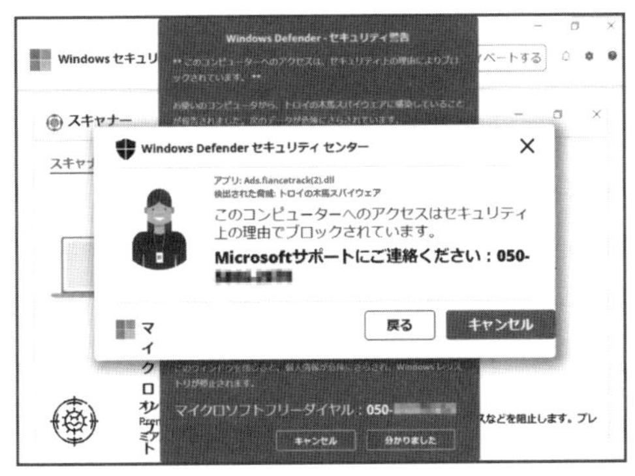

「危険にさらされています」と表示されても、「セキュリティ対策アプリ」が自動で解決してくれる。

クレジットカードを使わないと買い物できないの？

インターネットの買い物には、さまざまな支払方法があります。

インターネットで買い物をする際、支払い方法としてよく使われるのがクレジットカードです。ただし、クレジットカードを利用するのは不安だ、という方も多いでしょう。**初心者に安心なのは、代金引換**です。商品と引き換えに、配送業者に料金を支払います。また、Amazonや楽天で利用できるウェブマネーも、コンビニで入手できるので便利です。以下で、さまざまな支払い方法についてご紹介していきます。

■ 代金引換

商品の受け渡しと引き換えに、配送業者に料金を支払う方法です。在庫があればすぐに発送されるため、商品の到着も早いです。在庫切れや商品未到着の場合の前払いトラブルにも巻き込まれないため、慣れないうちはこの支払方法がおすすめです。手数料が約300円～かかります。

■ ウェブマネー

Amazon、楽天市場、ゲーム、音楽配信サービスなどで利用されている支払方法です。コンビニなどで、1,000円単位のまとまった金額のカードを購入します。商品の**注文時にカードに記載された番号を入力する**ことで、料金を支払います。端数が使い切れず、無駄になることがあります。

Amazonでの商品購入に利用できるAmazonカード

■ **コンビニ決済**

商品の注文後、表示される画面やメールアドレスに届いたメッセージに記載されている注文書を印刷し、コンビニで支払います。前払いと後払いがあります。手数料は比較的安く、約200円〜程度です。

■ **クレジットカード**

商品購入時に、**クレジットカード番号と、カード裏に記載されているセキュリティコードを入力**します。後日、銀行口座から引き落とされます。手持ちの現金がなくても決済でき、その場で支払いが確定するため、発送も早い利点があります。ただし、カード番号の漏洩等、セキュリティ面に注意が必要です（P225）。また、商品の未着などのトラブルの際、いったん引き落としが完了してしまうと、解決に労力が必要です。**クレジットカード会社が保証してくれる場合**もあります。使い過ぎが心配な場合は、**VISAデビットという、残高以上は使えない便利なカード**もあります。

■ **銀行振込／郵便振替**

店舗指定の銀行口座もしくは郵便口座に振り込む方法です。前払いの場合、**振り込みが確認された時点で注文が確定**します。在庫切れや商品未着等のトラブルになった場合、そのあとの対応が面倒です。何度かその店舗で買い物をしていたり、**よく知っている店舗などの場合に利用**しましょう。振り込み手数料が高くなることがあります。

■ **◎◎ペイ、独自決済**

「PayPay」や「楽天ペイ」、「価格.com安心支払いサービス」や「Yahoo！かんたん決済」など、独自の決済サービスを利用する方法です。支払いはクレジットカードや銀行引き落としになりますが、店舗や購入先に**クレジットカード番号や銀行口座番号を知らせずに購入できる**という利点があります。商品未着の場合も保証があり、ポイント還元も充実しています。

安心なのは代金引換。慣れないうちは、代金引換、ウェブマネー、コンビニ決済後払いを選びましょう。

購入した覚えのない請求が来たら？

ほとんどの場合、不安になる心理を悪用した詐欺です。

突然、パソコンの画面に「利用料がまだ振り込まれていません。至急振り込まなければ法的な手段により財産の差し押さえが…」などと表示されたら、誰でも怖くなってしまいますよね。何のサイトのことかわからず、いつのまにか利用してしまったのでは？　と思ってしまいます。しかし、こうした架空請求メールやホームページ上の表示は、あなた1人だけでなく、何万人もの人に送られています。メッセージの送り主は、**あなたの情報を何1つ知りません**。メッセージに対して問い合わせをしたり、**料金を支払ってしまうことで、よいカモ**として、その後何度も架空請求や詐欺が来るようになります。ほとんどの場合は、無視が一番です。

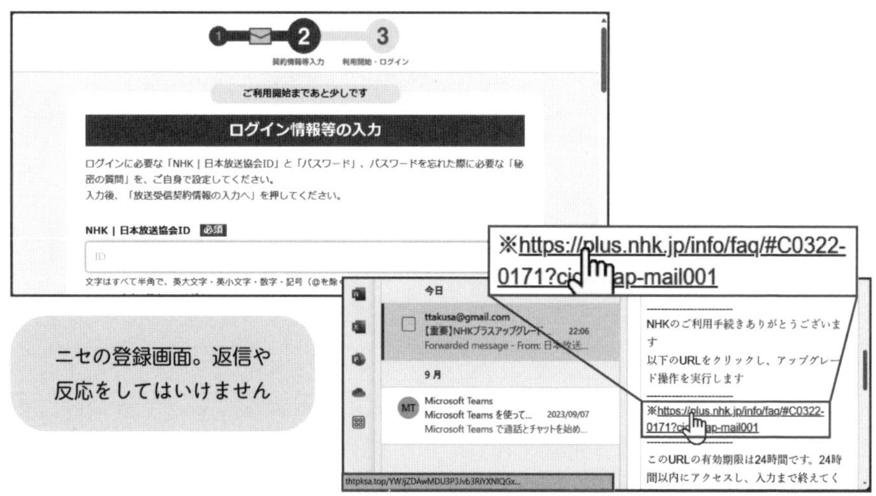

ニセの登録画面。返信や反応をしてはいけません

NHKを装ったニセのメッセージ。リンクに矢印を載せると、まったく関係のないURLが表示される

クレジットカードに身に覚えのない引き落としがあった

クレジットカードの請求書に、覚えのない引き落としがありました。

至急、クレジットカード会社に連絡して確認してみましょう。まったく身に覚えがない場合、全額保証してくれます。購入手続きをして、商品が届かずに引き落とされた場合も同様です。「詐欺です。商品が届かず連絡も取れないので、**カードの規約に従って商品代金を補償してください**。」と伝えましょう。期間が決められているので、気がついたらすぐに連絡するようにします。

解決できない場合はどうするの？

インターネットの取引では、さまざまなトラブルがあります。自分では解決できない場合や、どうしても**心配で安心したい場合は、専門機関に相談**しましょう。電話番号が変わることもありますので、つながらない場合は最寄りの警察署などで直接相談しましょう。

・警視庁サイバー犯罪対策課
03-5805-1731

・消費者ホットライン（全国共通）
188

とにかく無視が一番。それでも心配なら、専門機関（警察、消費者センター）に相談。

セキュリティ

09 インターネットショッピングの注意点は？

過度に怖がらず、商品の情報やレビューを確認するなど注意点を知っておこう。

インターネット上で商品を購入できるインターネットショッピングは、とても便利なサービスです。**商品の評価＝レビューを見ることができたり、遠くのお店からのお取り寄せができたり**といったメリットもあります。しかし、インターネットショッピングを利用する上で、知っておきたい注意点があります。安心してネットショッピングを楽しむためにも、以下の点について、あらかじめ知っておきましょう。

■ 商品情報を確認する

商品の購入前に、商品の情報を確認しましょう。商品が届いたら思っていたのとちがった、ということのないよう、しっかり確認します。記載されている情報がすべて商品の情報だと勘違いしていないか、本当にその**商品の説明なのかも、よく確認**しましょう。

例）サイズ／色／付属物／個数／類似品や他の商品の説明でないか

■ メールや電話で事前に問い合わせる

疑問点や不安な点がある場合は、**購入前にメールや電話で問い合わせ**ましょう。メールでのやり取りは、証拠としても大切です。

例）問い合わせ先／発送時期／納期／在庫有無／配達日時の指定が可能か

■ トータルの金額

商品の本体価格だけでなく、**必ず送料・手数料を合わせた金額を確認**しましょう。商品の価格が安いのに、送料が異常に高いケースもあるので注意が必要です。

例）送料／代引手数料／送料無料になる条件／ギフトラッピング等の値段

■ その他

その他、下記のような点に注意しましょう。

- **返品条件**（初期不良時の対応／返品・交換条件／返品時の送料／キャンセル料の有無）
- **支払方法**（代引きやクレジットカード払いなど希望の支払い方法があるか）
- **販売元の連絡先や所在地**（「特定商取引に関する表示」。印刷しておくのもおすすめ）
- **暗号化された安全な取引画面かどうか**（アドレスバーの右側に錠マークがあるか）
- **商品掲載画面や注文確認画面を印刷**
- **届いた商品の確認**（商品が届いたら、注文した商品と同じものか、傷や汚れ、動作不良がないかを、すぐに確認。付属品・説明書は揃っているか／保証書はついているか（新品なら店舗印を確認））

コラム

サクラチェッカーでサクラを調べる

多くのショッピングサイトには、商品を購入した人のレビューが掲載されています。商品を購入するかどうかを判断する際、レビューを参考にすることがあります。しかし、このレビューがやらせ（サクラ）であることがあります。サクラチェッカー（https://sakura-checker.jp/）は、Amazonのレビューにサクラのレビューが含まれていないかを調べることのできるサービスです。商品のURLをコピー&ペーストして調べることができます。

過度に怖がらず、最初は安い商品を代金引換やAmazonギフトカードで購入しよう。

セキュリティ

10 アカウントって何ですか？

アカウントとは、「あなたであることを特定するための情報」のことです。

パソコンやインターネットでサービスを利用する場合、その利用者は「サービスを受ける特定のユーザー」として認識されています。この**「サービスを受ける特定のユーザー」を表すための情報はアカウント**と呼ばれ、利用するサービスごとに固有のIDが割り振られています。このIDは、アカウント名、ユーザー名などと表記され、買い物やサービスを受ける上で、**あなたが誰なのかを特定するための情報として**利用されています。

例えばインターネットショッピングでは、商品を購入する前に自分のアカウントを作成し、住所や名前、クレジットカード情報などを登録します。それにより、商品を購入しようとしているのがまちがいなくあなた本人であることを証明しているのです。

Google

ログイン

お客様の Google アカウントを使用

メールアドレスまたは電話番号

メールアドレスを忘れた場合

Googleのページでは、Googleのユーザー名とパスワードを入力する

たいていの場合、アカウントはアカウント名（ユーザー名）とパスワードで構成されています。アカウント名には、メールアドレスが利用されることも多いです。パスワードは自分で設定したものが使用されるので、忘れないようにメモしておく必要があります。どのお店のパスワードかがわからなくならないよう、**「店名」「アカウント名」「パスワード」の3つの組み合わせをメモして**おきましょう。

アカウント登録の手順

アカウント登録の手順を教えて！

自分のアカウントを登録するには、インターネット上のサービスの画面で「新規登録」や「アカウント登録」などのボタンを（左）クリックします。すると、自分の情報を入力する画面が表示されます。

- **アカウント名**：多くの場合、英数字で入力します。
- **パスワード**：多くの場合、8文字以上で入力します。英語と数字を混ぜる必要があることも多いです。
- **秘密の質問**：パスワードを忘れた時に使います。あなたしか知らない秘密の質問に答えることで、パスワードを忘れた場合にアカウントにアクセスできます。
- セキュリティ認証：登録時に、あなたがロボットではないことを証明するための英数字です。描かれている文字をよく見て入力します。
- 新規登録／次のステップ：入力が終わったら（左）クリックします。

アカウントを作成

名前

どんこ

携帯電話番号またはメールアドレス

donkono11@outlook.com

パスワード

•••••••••••

i パスワードは6文字以上の半角英数字で入力されていますか？

もう一度パスワードを入力してください

•••••••••••

メールアドレスを確認する

ショッピングサイトによっては、アカウントを登録しなくても、住所や名前を入力することで買い物ができるショップもあります。1度しか買い物をしないのであればそれでもよいですが、同じサービスを何度も利用したり、**アカウントを登録すると利用できる追加機能（自分の感想を投稿したり商品を登録しておく）**を楽しみたい場合は、作成した方がよいでしょう。

アカウントの登録をマスターし、アカウント名とパスワードを大切に控えておこう。

パスワードを忘れてしまった！

パスワードを忘れても、メールで復旧できることがほとんどです。

パスワードの紛失には、主に2つの理由が考えられます。1つはメモをし忘れたり、なくしてしまった場合。パスワードの**登録時には忘れずメモし、紛失しないように保管**しておきましょう。2つ目は、メモした内容がまちがっている場合です。書き残したメモに大文字と小文字が混ざっていたり、oや0、1やl（小文字のエル）やiなど、混同しやすい文字が含まれている場合にありがちです。

また、メモの内容は合っているのに、入力をまちがえている場合もあります。パスワードは、入力した文字が＊＊＊＊のように見えなくなり、確認ができません。マイクロソフトワードに**いったん入力し、メモした通りに入力できているかどうか確認**します。まちがいなければ入力した**文字をコピーして、パスワードの入力欄に貼り付け**ましょう。

また、NumLock（ナムロック）やCaps Lock（キャップスロック）がオンになっていると（P104参照）、正しく入力できないので確認します。

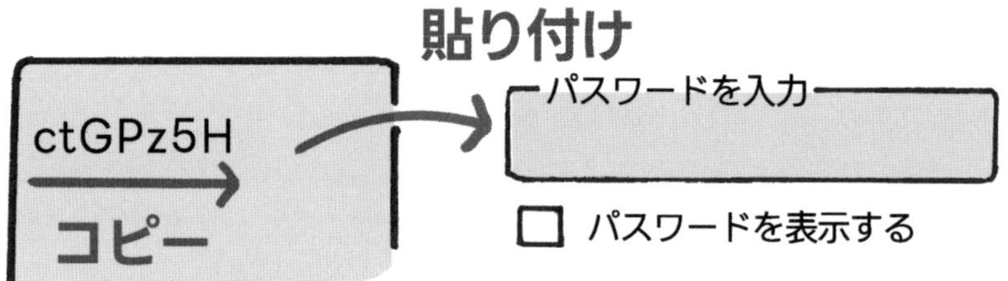

「マイクロソフトワード」に一度入力してからコピー&貼り付けをする。「パスワードを表示する」にチェックを入れることで、パスワードが表示される場合もある

サイトごとにちがうパスワードを設定する

パスワードはすべて変える必要があるの？

すべてのサイトで同じパスワードにしておくと、万一パスワードが流失した場合、利用しているすべての**サービスを悪用されてしまう恐れ**があります。できれば、サービスごとに異なるパスワードを設定するようにしましょう。サイトごとに異なるパスワードを設定するためのヒントは、サイトの名前やドメインの英字から文字を選び、パスワードに組み入れることです。例えば「サービス名の1文字目を最後に入れる」といったルールを決めておけば、サービスごとにちがうパスワードを設定しても、忘れることが少なくなります。なお、以下のようなパスワードはすぐにばれてしまうため、使用しないようにしてください。

生年月日／12345678／QWERTY／PASSWORD／1q2w3e4r

パスワードを忘れたらどうすればいいの？

アカウント名やパスワードを忘れた場合、登録時の生年月日や秘密の質問に答えることで、復旧できます。登録したメールアドレスがあれば、そこにリセット用のメールを送ってもらい、パスワードを再設定することもできます。「ログイン」画面にある**「パスワードを忘れた方は」を（左）クリックし、指示に従ってパスワードを再発行**します。

パスワードも誕生日も忘れ、登録時のメールアドレスも利用できない場合は、サイトの問い合わせ先から連絡します。無料のサービスには、問い合わせ先がないこともあります。その場合、そのアカウントは半永久的に利用できなくなります。どうしても利用したい場合は、新しいアカウントを作る必要があります。

パスワードを入力する時は、大文字、小文字、英字、数字の入力まちがいに注意しよう。

アカウントがたくさんありすぎて覚えられない！

アカウント名とパスワードの上手な管理方法を覚えましょう。

アカウントはサービスごとに必要になるため、とても覚えきれないほどの数になります。とはいえ、パソコンの周辺にアカウント名とパスワードを付箋で貼っておくのも、セキュリティ上よい方法とはいえません。そこで、アカウント名とパスワードの上手な管理方法を紹介します。

■ 利用する機器とパスワードを同じ場所で管理しない

利用する機器とパスワードを、同じ場所に保管しないようにしましょう。例えば、パソコンで利用するサービスのパスワードはスマートフォンや手帳に保管しましょう。スマートフォンで利用するサービスのパスワードは、パソコンや手帳に保管しましょう。

■ パスワードのヒントや暗号をメモする

パスワードをそのまま書き込むのではなく、パスワードの**ヒントをメモする**ようにします。例えば「生まれた町の名前を逆から＋電話番号」といった形です。

■ パスワードをかけたアカウント管理表を作る

エクセルでパスワードを入力した**管理表を作成し、そのファイルにパスワードをかけておく**のもおすすめです。

重要度と復旧方法に応じた管理

アカウント名とパスワードの管理方法は、情報の重要度や復旧の難易度に応じて切り替えるのがおすすめです。

■ 財産がなくなるなどのリスクが高いアカウント／パスワードの復旧がたいへんなアカウント

紛失した場合のリスクの高いアカウント情報は、持ち運びしないノートなどにメモし、自宅で大切に保管しましょう。

例）銀行・証券会社／クレジットカードを使ったネットショップ／JRや交通機関のネットサービスのアカウント

■ よく使うサービスのアカウント／パスワードの復旧が少々難しいアカウント

よく利用するサービスや、復旧が少々たいへんなアカウント情報は、**エクセルで以下のような管理表を作成し、パスワードをかけて保管**しましょう。普段持ち運ぶ手帳の場合は、パスワードを直接書き込まずヒントを記入するようにしましょう。

例）メールサービス／SNS／Microsoftアカウントなど

サイト名		秘密の答え	
アカウント			
パスワード			
メールアドレス		メ　モ	
登録日			

■ リスクが低いアカウント／パスワードの復旧がかんたんなアカウント

神経質に管理せず、パソコンに付箋で貼るなどしてもOKです。

例）配送チェック／写真管理／アルバム作成など

アカウントは、リスクに応じて管理しよう。リスクが低ければ付箋で貼るのもOK！

メールやメッセージを送る時のマナーを教えて！

メールには独特のマナーがあります。失礼のないように、正しいルールを知っておきましょう。

パソコンに不慣れな方に限らず判断に困るのが、人と人とのコミュニケーションです。新しいサービスを利用する場合は、使い方に加えてマナーも気になるところです。そこで、メールやインターネットのサービスを使ったコミュニケーションでのマナーを紹介します。

メール送信時のマナー

メールはどうやって書けばいいの？

メール送信時のマナーとして、メールの「件名」には短めの**わかりやすい表題**をつけます。本文は、最初に相手の名前を「◎◎様」と入力します。丁寧な時候の挨拶は適していません。その他、次のような点に気をつけましょう。

- 仕事の場合は「いつもお世話になっております。」から始める
- 段落と段落の間は、適度に改行を入れて空ける
- 特殊な記号、機種依存文字、半角カタカナは使わない
- 本文の最後に署名を入れる
- 会社間の取引の場合は、社名や住所、電話番号などを入力する
- 大きな添付ファイルを送らない
- 入力が終わったら誤字脱字や失礼な表現がないかチェックする

株式会社どんこ企画　佐藤様

いつもお世話になっております。
大変遅くなりましたがセミナーの
企画書ができましたのでお送りします。

ご査収の程、よろしくお願いいたします。

わあん　たくさがわつねあき
190-1234　西多摩市本町 7-7-7
TEL 090-XXXX-XXXX
https://www.takusa.jp

メール返信時のマナー

メール返信時のマナーはあるの？

メール返信時のマナーとして、引用記号の扱い方があります。返信のメッセージには、**相手から送られた文章に自動で「>」**がつくことがあります。これは**「引用」と呼ばれるもので**、何度も返信を繰り返していると、これまでのやり取りがすべて引用として残り、とても長いメッセージになります。こうした場合は**以前の引用文を削除**し、直近の > がついた引用文のみを残すようにします。安全を考慮する場合は、引用文をすべて削除することもあります。

>今日のハイキングは９時からＯＫ？
９時から、奥多摩駅集合です

>ランチは持っていきますか？
おすすめのお店を予約済です！

新しいサービスのマナーはどうやって知るの？

新しいサービスが登場すると、誰もが、その使い方やマナーに戸惑います。まずは自分で試して、他の人と比べたりしながら、自分の投稿やコミュニケーションの方法が正しかったのか、そのサービスの文化に合っているのか、**失敗を繰り返しながら、よりよい使い方やマナーを学んで**いきましょう。

■ **スマートフォンのメッセージのマナー**

スマートフォンのメッセージ（SMS）は、緊急の連絡に適しています。短くシンプルに書きます。

■ **SNSでのマナー**

SNSでは、相手が同じサービスを使っていないと連絡できません。登録だけして利用していない場合もあるので、事前に利用頻度を把握しておきましょう。用件の入力だけでよいので、メールよりもお手軽です。

新しいコミュニケーションツールは、真似と失敗をしながら学ぼう。

どうして迷惑メールが来るの？個人情報は大丈夫？

インターネット上のサービスを利用した際に、流出してしまうことがあります。

メールを長く使用していると、迷惑メールがだんだん増えていきます。迷惑メールはスパムメールとも呼ばれ、中には詐欺メールや、ウイルスを添付して送ってくる悪質なものまであります。迷惑メールが多く届くと、**大切なメールを見落とす原因**にもなります。
迷惑メールが届く原因は、メールアドレスの流出です。インターネット上のサービスにメールアドレスを登録した際、なんらかの原因で流出してしまったのです。**一度流出すると大量の迷惑メールが届くようになり、その情報を消すことは不可能**です。そのため、事前の対処が大切です。以下のような方法があります。

■ セカンドメールアドレスを取得する

メインで使用しているメールアドレスの他に、**無料のメールアドレスを取得して**おきます。インターネット上での買い物やサービスの登録は、すべてこの無料メールで行うようにします。メインのメールアドレスを変更しようとすると、友達への連絡が必要となりたいへんです。無料のメールアドレスであれば、いつでも変更したり、利用を停止したりすることができます。

■ メールアプリをGmailに切り替える

迷惑メールに対処できるメールアプリに切り替えます。無料のメールアプリである**Gmailは、迷惑メールの振り分けが優秀**で、ほとんどの迷惑メールを防止してくれます。

■ **広告メールの購読を解除する**

インターネットで買い物を行うと、そのサイトに自分のメールアドレスが登録され、かなりの頻度で広告メールが届くようになります。**広告メールのメッセージ内に解除の手順がある**ので、わずらわしい場合は購読を解除します。

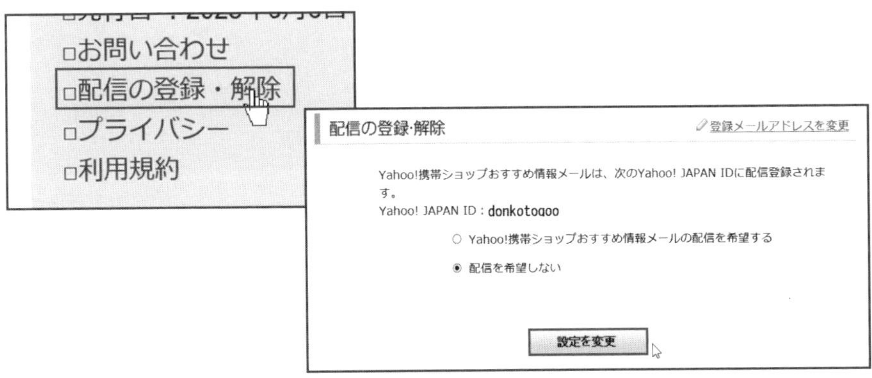

■ **セキュリティ対策アプリを導入する**

セキュリティ対策アプリには、迷惑メール対策機能があります。不要なメールをごみ箱や迷惑メールフォルダーに振り分けてくれます。

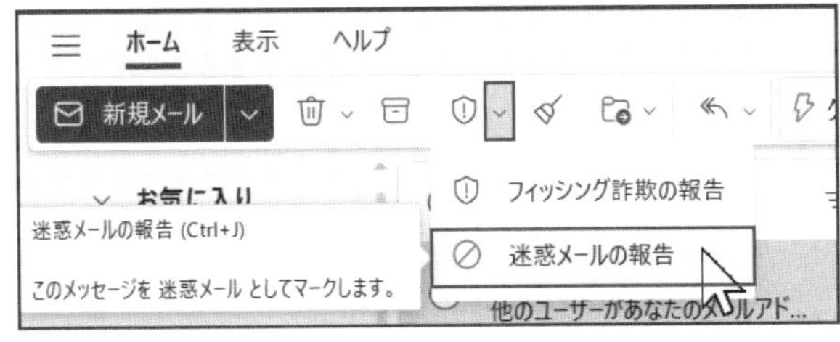

■ **メールを使わない**

ビジネスで利用している場合は難しいですが、**個人なら、連絡手段をLINEやメッセンジャーだけにしてしまう**のも1つの方法です。そういう利用方法も増えています。

買い物やサービスの登録には、
無料のメールアドレスやGmailを使おう。

やがて…

私も
この本みたいに
メールしてみよう

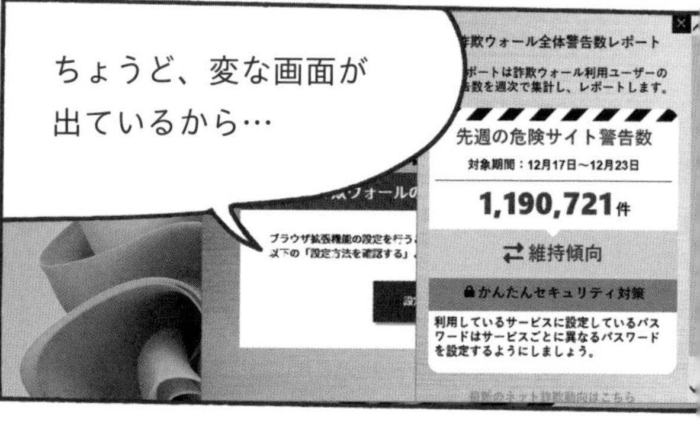
ちょうど、変な画面が
出ているから…
詐欺ウォール全体警告数レポート
先週の危険サイト警告数
対象期間：12月17日～12月23日
1,190,721件
維持傾向
かんたんセキュリティ対策
利用しているサービスに設定しているパスワードはサービスごとに異なるパスワードを設定するようにしましょう。

カタカタ

ブブブー

返信

ありがとう、おかげで
パソコンでスムーズに
やり取りできるように
なったわ

Index
索引

英数字

あ行

か行

さ行

た行

な行

は行

ま行

や・ら行

■ プロフィール

たくさがわ つねあき

1977年 東京都西多摩育ち　パソコン教室を運営するかたわら、その経験を生かした著書活動を行う。「これからはじめる超入門」シリーズ、「たくさがわ先生が教える」シリーズ、（共に技術評論社）をはじめ、大きな字だからスグわかるiPad入門（マイナビ）などがある。漫画、図解を駆使した"難しいをやさしく"する執筆に定評がある。ITコーディネータ、企業のIT支援も行う。わあん代表。
ウェブサイトは　https://www.takusa.jp

■ ブックデザイン……………………坂本真一郎（クオルデザイン）
■ レイアウト・本文デザイン……リンクアップ
■ 編集……………………………………大和田洋平
■ 技術評論社Webページ…………https://book.gihyo.jp/116

■ お問い合わせについて

本書の内容に関するご質問は、下記の宛先までFAXまたは書面にてお送りください。なお電話によるご質問、および本書に記載されている内容以外の事柄に関するご質問にはお答えできかねます。あらかじめご了承ください。

〒162-0846
新宿区市谷左内町21-13
株式会社技術評論社　書籍編集部
「たくさがわ先生が教える　パソコンの困った！
お悩み解決　超入門［改訂第3版］」質問係
FAX番号　03-3513-6167

なお、ご質問の際に記載いただいた個人情報は、ご質問の返答以外の目的には使用いたしません。また、ご質問の返答後は速やかに破棄させていただきます。

たくさがわ先生が教える パソコンの困った！お悩み解決　超入門［改訂第3版］

2024年3月22日　初版　第1刷発行

著者　　たくさがわつねあき
発行者　片岡　巌
発行所　株式会社技術評論社
東京都新宿区市谷左内町21-13
電話 03-3513-6150　販売促進部
03-3513-6160　書籍編集部
印刷／製本　日経印刷株式会社

定価はカバーに表示してあります。

造本には細心の注意を払っておりますが、万一、乱丁（ページの乱れ）や落丁（ページの抜け）がございましたら、小社販売促進部までお送りください。送料小社負担にてお取り替えいたします。

ISBN978-4-297-14045-8 C3055
Printed in Japan